ABESSINISCHE STUDIEN

HERAUSGEGEBEN VON

EUGEN MITTWOCH

HEFT I

BERLIN UND LEIPZIG 1926

VERLAG VON WALTER DE GRUYTER & CO.

DIE TRADITIONELLE AUSSPRACHE DES ÄTHIOPISCHEN

VON

EUGEN MITTWOCH

BERLIN UND LEIPZIG 1926

VERLAG VON WALTER DE GRUYTER & CO.

THEODOR NÖLDEKE
ZUM
90. GEBURTSTAGE

VORWORT.

Unter dem Gesamttitel »Abessinische Studien« soll in möglichst rascher Folge eine Reihe von Arbeiten über Sprachen und Kulturverhältnisse des alten und neuen Abessiniens erscheinen.

Das vorliegende erste Heft, das die heute in Abessinien übliche traditionelle Aussprache des Äthiopischen behandelt, bildet einen durch einige äthiopische Texte mit phonetischer Umschrift und drei Indices erweiterten Neudruck einer in den Mitteilungen des Seminars für Orientalische Sprachen, Zweite Abteilung, Westasiatische Studien, Jahrgang XXVIII, 1925, erschienenen Arbeit.

Die nächsten Hefte der »Abessinischen Studien« sollen behandeln:

Volkstümliche Erzählungen der Abessinier.
Abessinische Personennamen.
Eine amharische Version der »Soirées de Carthage«.
Ein medizinisches Lehrbuch der Abessinier.

Berlin, Februar 1926.

Der Herausgeber.

Inhalt.

Einleitung.

Die Studien, die auf den folgenden Blättern zur Veröffentlichung gelangen, habe ich vor langer Zeit begonnen. In der Zusammenarbeit mit dem gelehrten Abessinier Aleka Taje[1], der in den Jahren 1906 und 1907 als Lektor am Seminar für Orientalische Sprachen in Berlin wirkte, merkte ich sehr bald, daß die heutigen Abessinier das Äthiopische ganz anders aussprechen, als es an den Universitäten Europas üblich war und vielfach noch ist. Diese Unterschiede betreffen vornehmlich:

1. Die Aussprache der einzelnen Konsonanten und Vokale. — Sie stimmt im allgemeinen mit der amharischen überein.

2. Die Akzentverhältnisse. — Manches Wort, bei dem wir gewohnt waren, den Druck auf der letzten Silbe anzusetzen, hat ihn auf der vorletzten und umgekehrt.

3. Die Verdoppelung, aber auch Nichtverdoppelung von Konsonanten. Die Verdoppelung — mitunter nur die »Verlängerung« — eines Konsonanten tritt sekundär ein, wo sie etymologisch nicht zu erwarten ist; aber es wird auch umgekehrt manchmal nur ein Laut gesprochen, wo etymologisch eine Verdoppelung vorauszusetzen wäre.

Ich ließ mir von Aleka Taje die in Praetorius' Äthiopischer Grammatik[2] abgedruckten Texte sowie die ersten 25 Psalmen zu wiederholten Malen vorlesen und schrieb sie nach seinem Diktat phonetisch nach. Ebenso verfuhren wir mit allen Tabellen in der genannten und in Dillmanns Grammatik[3].

---

[1] አለቃ ፡ ታየ ።, also in genauer Umschrift *’älạḳ’ä tä́ɉɉạ*. Ich schreibe aber im folgenden immer, wie oben, Aleka Taje, wie er selbst seinen Namen mit lateinischen Buchstaben zu schreiben pflegte. — Aleka Taje ist vor $1^1/_2$ Jahren in Abessinien verstorben.

[2] Porta linguarum orientalium, Pars VII, Karlsruhe und Leipzig, 1886.

[3] A. Dillmann, Grammatik der äthiopischen Sprache. 2. Aufl. von C. Bezold, Leipzig 1889.

Bei der Arbeit stellte sich heraus, daß die Angaben von Trumpp in seiner Arbeit »Über den Akzent im Äthiopischen«[1] durchaus der Nachprüfung bedürften. So habe ich denn auch diese Abhandlung wiederholt mit Aleka Taje durchgearbeitet und alle darin enthaltenen Worte in Lautschrift festgehalten.

Als ein Resultat der Arbeit ergab sich einerseits, daß die Art und Weise, wie das Äthiopische heute gesprochen wird, vom Amharischen beeinflußt ist. Auch diejenigen Abessinier, deren Muttersprache eine andere, etwa das Tigriña, ist, sprechen, wie mir Aleka Taje berichtete, sobald sie Äthiopisch lesen, die Konsonanten und Vokale nach amharischer Art. Die heute übliche Aussprache des Äthiopischen muß also im amharischen Sprachgebiet ihre schulmäßige Ausbildung erfahren haben[2]. Andererseits zeigte es sich, daß die heutige Aussprache des Äthiopischen bereits eine lange Tradition hinter sich hat. Denn schon seit Jahrhunderten werden — um an dieser Stelle nur einige wenige Beispiele vorwegzunehmen — in den äthiopischen Handschriften ሰ und ሠ, ጸ und ፀ, ሐ und ኀ, አ und ዐ miteinander verwechselt und in Gedichten als Reimbuchstaben miteinander vertauscht. Ebenso wechseln ሀ und ሃ, ሐ und ሓ, ኀ und ኃ, አ und ኣ, ዐ und ዓ schon seit langer Zeit. Wenn ferner schon in älteren Handschriften ይኵን፡ für ይኩን፡ geschrieben wird, so ergibt sich daraus einmal, daß die heutige Aussprache des ኵ wie *ku* (nicht *kʷə*) schon alt ist, und das andere Mal, daß der Subjunktiv-Jussiv von ኮነ፡ »sein« seit langem *ịəkun* (nicht *ịᵊkŭn*) gesprochen wird. — Wenn statt ሰኰት፡ »Gasse« auch ሰኮት፡, statt ሰኰና፡ »Fußsohle« auch ሰኮና፡ geschrieben wird, so können wir daraus ersehen, daß die Aussprache von ኰ als *kᵘå* (so häufiger als *kʷạ*) schon lange üblich ist. Diese Beispiele mögen an dieser Stelle genügen.

Von einer Veröffentlichung des in der Zusammenarbeit mit Aleka Taje gewonnenen Materials habe ich damals Abstand genommen, da ich

---

[1] Z.D.M.G. XXVIII (1874), S. 515—561 (im folgenden als »Trumpp« zitiert).

[2] Diese Abhängigkeit vom Amharischen bedeutet aber nicht etwa Identität der Aussprache. Über Unterschiede in der Aussprache einzelner Konsonanten siehe Abschnitt II. Aber auch sonst wird ein und dasselbe Wort vielfach äthiopisch anders gesprochen als amharisch. Schon früher (M.S.O.S. X (1907), II. Abtlg. S. 195, Anm. 4) habe ich darauf hingewiesen, daß Wörter wie ምድር፡ »Erde«, ቀትል፡ »Tötung« äthiopisch einsilbig *mədr̥* und *ḳ'ətl̥* gesprochen werden, amharisch hingegen zweisilbig *mədər* und *ḳ'ətəl*. — Die Form ይባርክ፡ »er segnet« lautet äthiopisch *ịᵊbắrrək* (mit doppeltem *r*), amharisch *ịᵊbắrək* (mit einem *r*); siehe weiter unten Seite 20, Anm. 4. — Auch die Drucksilbe ist bei einem und demselben Wort im Äthiopischen öfter eine andere als im Amharischen.

Bedenken trug, die Arbeit auf Grund von Studien an nur einem Gewährsmann abzuschließen. Denn einerseits waren Hörfehler nicht ausgeschlossen, andererseits war ich unsicher, ob nicht manche Eigenarten der Aussprache Aleka Tajes nur diesem eigentümlich seien, ohne auf Allgemeingültigkeit Anspruch machen zu können. Ich wollte daher erst an anderen Abessiniern weitere Beobachtungen machen. Im Jahre 1908 hatte ich dann während eines Aufenthaltes in Jerusalem Gelegenheit, im dortigen abessinischen Kloster verschiedene Mönche zu befragen, mußte aber leider feststellen, daß sich unter ihnen keine besonderen Kenner des Äthiopischen befanden. In den folgenden Jahren kam ich zu meinem Bedauern mit keinem Abessinier in Berührung.

Als dann im Jahre 1917/18 Enno Littmann seine »Geʿez-Studien« [1] und einige Jahre darauf Marcel Cohen seine Abhandlung »La prononciation traditionelle du Guèze (Éthiopien classique) [2]« vorlegten, zeigte es sich, daß ihre Beobachtungen in bezug auf die heutige Aussprache des Äthiopischen in manchem Betracht voneinander verschieden waren [3]. Beide Autoren hatten ihre Studien in Abessinien im wesentlichen an je einem Gewährsmann [4] gemacht.

Ebenso zeigten sich starke Schwankungen zwischen den Angaben in zwei kleinen Werken eines Abessiniers, die von Littmann und Cohen bereits benutzt worden sind, dem መምህረ ፡ ልሳን ፡ ግዕዝ ። [5] und dem ፍጡን ፡ መልመዴ ፡ ፊደል ፡ ወንባብ ፡ ልሳን ፡ ግዕዝ ። [6] von አባ ፡ ተክለ ፡ ማርያም ፡

[1] Teil I und II in den »Nachrichten von der K. Gesellschaft der Wissenschaften zu Göttingen«, philologisch-historische Klasse, 1917, S. 627—702. — Teil III ebenda, 1918, S. 318—339 (im folgenden zitiert als »Littmann I«, »Littmann II«, »Littmann III«).

[2] »Journal Asiatique«, 1921, S. 217—269 (im folgenden als »Cohen« bezeichnet).

[3] Auch zwischen den Angaben von Littmann I und II bestehen starke Schwankungen.

[4] Littmanns Gewährsmann, Gabra Mikaël, hatte wohl mehrere Jahre in Gondar studiert, stammte aber aus der Provinz Tigre; seine Muttersprache war demgemäß das Tigriña (Littmann I. S. 268); Cohens Gewährsmann, Ato Tafari, war in der Provinz Schoa gebürtig und hatte dort seine Ausbildung erhalten. Seine Muttersprache war das Amharische (Cohen S. 247). — Cohen konnte dann in Paris noch einige Stunden lang mit einem zweiten Abessinier, Abba Jérôme, eine Anzahl von Fragen besprechen (ebenda S. 248).

[5] Im folgenden als *Mämhər* bezeichnet.

[6] Im folgenden als *Fəṭ'ūn mälmädiē* zitiert.

ወልደ ፡ ሰምሃራይ ። (*'abbă tạklạ‿mărịăm ụåldạ‿sạmhărăị*; — im folgenden der Einfachheit halber kurz als Takla Marjam bezeichnet)[1].

Um so dringender wurde mein Wunsch, meine eigenen Beobachtungen und die von Littmann und Cohen sowie die Angaben der beiden abessinischen Büchlein noch einmal eingehend mit einem gelehrten Abessinier durchsprechen zu können. Dazu hatte ich endlich im Sommer 1923 die lang ersehnte Gelegenheit. Damals weilte Blatta Heruï[2], Richter am obersten Gerichtshof Abessiniens, mehrere Wochen in Berlin. Mit ihm konnte ich während der ganzen Zeit täglich einige Stunden zusammen arbeiten. Blatta Heruï erwies sich als ein Mann von außerordentlicher Gelehrsamkeit und Belesenheit. Er ging bereitwilligst auf meine Studien, die ihn lebhaft interessierten, ein. Außer den bereits mit Aleka Taje gelesenen Texten habe ich mit ihm das gesamte bei Littmann und Cohen sowie in den beiden abessinischen Büchlein enthaltene Material durchgearbeitet. Um der Gefahr von Hörfehlern zu begegnen, ließ ich ihn bei allen Texten und Tabellen in einem gedruckten Exemplar über alle Konsonanten, die doppelt gesprochen werden, ein arabisches Tašdīd setzen (also z. B. ይነግር ፡ = *ịᵊnạ́ggər* »er redet«), während ich selbst bei nochmaliger Aufnahme derselben Texte die Silben mit Druck durch einen Akut, die Silben mit Nebendruck durch einen Gravis bezeichnete (z. B. ወምድርሰ ፡ ኢታስተርኢ ፡ in Genesis Kap. 1, V. 2). Dabei stellte es sich heraus, daß einige meiner Aufzeichnungen nach dem Diktat Aleka Tajes auf Hörfehlern beruht haben müssen. Denn wenn ich Blatta Heruï fragte, ob die eine oder andere Form vielleicht von verschiedenen Schulen verschieden ausgesprochen werde, so konnte er mir hierüber ganz bestimmte Angaben machen. Bei manchen Formen sagte er in der Tat, es herrsche in bezug auf sie keine Einhelligkeit unter den abessinischen Gelehrten, während er in andern Fällen auf das bestimmteste versicherte, es gäbe bei ihnen allgemein nur eine einzige Aussprache. Diese Bemerkungen Blatta Heruïs sind im folgenden bei den in Frage kommenden Wörtern und Formen stets mitgeteilt.

Die Nachprüfung dessen, was die beiden oben genannten äthiopischen Werkchen Takla Marjams über Lautverdoppelung und Akzent bieten,

[1] Beide Büchlein sind in Rom »im Jahre 1903 des Erbarmens« = 1911 gedruckt.

[2] ብላታ ፡ ኅሩይ ፡ in genauer Umschrift *bᵊlắttạ hərụ́ị*. Ich schreibe auch diesen Namen, wie sein Träger ihn mit lateinischen Buchstaben zu schreiben pflegt. — Vgl. meine Ausführungen in der »Deutschen Literaturzeitung«, 1924, col. 1869 ff., wo durchweg Tafari (anstatt Tafarri) zu lesen ist.

zeigte, daß sie eine Fülle wertvollen Materials enthalten, aber doch mit großer Vorsicht zu benutzen sind. Der abessinische Autor hat es an der nötigen Akribie fehlen lassen[1]. Er hat bei vielen Formen, die auch er — wie aus anderen Stellen bei ihm selbst hervorgeht — sicher mit Lautverdoppelung spricht, das von ihm verwendete Verdoppelungszeichen zu setzen verabsäumt[2]. Ebenso fehlt das Akzentzeichen versehentlich häufig auf der Drucksilbe oder es ist an falscher Stelle gesetzt. Auch seine Angaben über verschiedene Überlieferungen der Aussprache bedürfen vielfach der Richtigstellung. Im einzelnen soll weiter unten — in den Abschnitten über Lautverdoppelung und Akzent — auf solche Versehen in den Büchern Takla Marjams hingewiesen werden.

Im allgemeinen stimmte Blatta Heruïs Aussprache mit der von Aleka Taje völlig überein. Sie sprachen beide übrigens sehr gleichmäßig, viel gleichmäßiger als Gabra Mikaël, der, wie aus Littmanns Umschrift zu schließen ist, zu verschiedenen Zeiten — besonders in bezug auf Lautverdoppelung und Akzent — sehr verschieden gesprochen haben muß (siehe z. B. weiter unten Seite 18, Anm. 8 und Seite 32).

Ein brieflicher Verkehr mit Blatta Heruï über einige schwierige Fragen, über die er mir noch schriftlich Auskunft geben wollte, zog sich längere Zeit hin. Wenn ich daher meine Arbeit erst jetzt zum Abschluß bringen konnte, so darf ich hoffen, daß nunmehr eine Reihe von Fragen, die den bisherigen Bearbeitern zweifelhaft erschienen oder bei denen ihre Beobachtungen erheblich voneinander abwichen, ihre Aufklärung gefunden haben und daß viele neue Beobachtungen und Feststellungen hier zum erstenmal erscheinen.

Ich beschränke mich in dieser Arbeit darauf, den Tatbestand auf Grund meiner Beobachtungen festzustellen und das von mir gesammelte Material über die traditionelle Aussprache des Äthiopischen zu veröffentlichen. Seine Auswertung für die Grammatik des Äthiopischen und der semitischen Sprachen überhaupt soll in anderem Zusammenhang erfolgen.

[1] Manche Versehen mögen auf Druckfehler zurückgehen. So ist *Mạmhər* S. 12 bei sämtlichen drei Worten, die als Beispiele für das von ihm verwandte Akzentzeichen auf dem letzten Buchstaben angeführt werden, versehentlich das für den ersten Buchstaben gewählte Akzentzeichen gesetzt!

[2] So setzt er z. B. bei den Verbalformen mit Objektsuffixen (*Mạmhər* S. 26 f. und sonst) sehr oft nur das Akzent-, aber nicht das Verdoppelungszeichen. — Dieses fehlt, um hier nur ein weiteres Beispiel anzuführen, *Fəṭ'ūn mạlmạdiē* S. 20 auch bei dem Monatsnamen የካቲት ፡, der — genau so wie der folgende: መጋቢት ፡ *mạggăbit* — *ịakkătit* gesprochen wird.

In den folgenden Abschnitten werden behandelt: I. das Alphabet, II. der Lautwert der Vokale und Konsonanten, III. die Konsonantenverdoppelung und Konsonantenlänge, IV. der Akzent. — Hieran schließt sich die Besprechung der V. Pronomina, VI. Zahlwörter und VII. Verbalformen. Von diesen habe ich sämtliche dreiradikalen Verben nach den Paradigmen in Dillmanns Grammatik in Tabellenform wiedergegeben, wobei ich, um den Vergleich zu erleichtern, der Anordnung von Littmann II folge. — Abschnitt VIII. zeigt die Anhängung der Objektsuffixe an das Verbum; IX. enthält die äthiopischen Texte mit phonetischer Umschrift. Es sind die Texte, die als »Chrestomathie« in Praetorius' Grammatik aufgenommen sind, also Genesis Kap. 1—4, Psalm 1 und 136 sowie Apokalypse des Esra, Kap. 1 und 13, 1—26. Um die Möglichkeit eines Vergleichs mit den bisherigen Bearbeitungen zu erweitern, habe ich auch noch die von Littmann transskribierten Psalmen 10—12 und ein kleines von Cohen bearbeitetes Stück aus Dillmanns Chrestomathie — letzteres ausschließlich nach dem Diktat von Blatta Heruï — hinzugefügt. — Den Schluß bildet X. die »Phonetische Umschrift der bei Trumpp vorkommenden äthiopischen Wörter in alphabetischer Reihenfolge«.

Bei den Verbalparadigmen habe ich mich an die bei uns übliche Reihenfolge gehalten. Die Abessinier selbst konjugieren in anderer Reihenfolge [1], nämlich:

3. m. sg.	ነገረ ፡ [2]	er hat gesagt
2. » »	ነገርከ ፡	du (m.) hast gesagt
3. » pl.	ነገሩ ፡	sie (m.) haben gesagt
2. » »	ነገርክሙ ፡	ihr (m.) habt gesagt
3. f. sg.	ነገረት ፡	sie hat gesagt
2. » »	ነገርኪ ፡	du (f.) hast gesagt
3. » pl.	ነገራ ፡	sie (f.) haben gesagt
2. » »	ነገርክን ፡	ihr (f.) habt gesagt
1. comm. pl.	ነገርነ ፡	wir haben gesagt
1. » sg.	ነገርኩ ፡	ich habe gesagt.

Das Prinzip, das dieser Anordnung zugrunde liegt, ist leicht erkennbar. Das Maskulinum hat den Vorzug vor dem Femininum, der Singular vor dem

[1] Über sonstige Eigentümlichkeiten des heute in Abessinien üblichen schulmäßigen Betriebes des Äthiopischen, über Termini technici usw. ist das Nötige in den einzelnen Abschnitten bemerkt.

[2] Umschrift siehe Abschnitt VII in den Tabellen.

Plural, die dritte Person vor der zweiten. Die erste Person kommt an den Schluß. Bei ihr steht dann umgekehrt der Plural voran, während das »Ich« bescheiden an den Schluß rückt[1].

I.

Das Alphabet.

Das äthiopische Alphabet habe ich mir zu wiederholten Malen von Aleka Taje, von den Mönchen im Jerusalemer Kloster und von Blatta Heruï aufschreiben oder diktieren lassen. Die Buchstabenfolge war immer, wie wir siè aus unseren Grammatiken gewohnt sind und wie sie auch in Takla Marjams *Fəṭ'ūn ma̤lma̤dīē* Seite 6 erscheint, die folgende:

ሀ	*hā*	በ	*ba̤*	ዘ	*za̤*	ፈ	*fa̤*
ለ	*la̤*	ተ	*ta̤*	የ	*i̯a̤*	ፐ	*pa̤*
ሐ	*ḥā*	ኀ	*ḫā*	ደ	*da̤*		
መ	*ma̤*	ነ	*na̤*	ገ	*ga̤*		
ሠ	*śa̤*	አ	*'ā*	ጠ	*ṭ'a̤*	ኰ	*kʷå*
ረ	*ra̤*	ከ	*ka̤*	ጰ	*p̣'a̤*	ጐ	*gʷå*
ሰ	*sa̤*	ወ	*u̯a̤*	ጸ	*ṣ'a̤*	ቈ	*ḳ'ʷå*
ቀ	*ḳ'a̤*	ዐ	*'ā*	ፀ	*ṡ'a̤*	ኈ	*ḫʷå*

Wie Littmann II S. 677 berichtet, hat sein Gewährsmann Gabra Mikaēl ihm das Alphabet in folgender Reihenfolge diktiert:

ሀ	ፀ	ከ	ፈ
ሐ	ለ	ወ	ፐ
ኀ	መ	ዘ	
ሠ	ረ	የ	
ሰ	ቀ	ደ	ኰ
አ	በ	ገ	ቈ
ዐ	ተ	ጠ	ጐ
ጸ	ነ	ጰ	ኈ

[1] Takla Marjam hat (z. B. *Ma̤mhər* S. 14 und 18) — wohl schon unter europäischem Einfluß — eine etwas andere Reihenfolge, indem er erst alle Formen der 3., dann die der 2. und zuletzt die der 1. Person zusammenstellt, also: 3. m. sg.; 3. f. sg.; 3. m. pl.; 3. f. pl.; 2. m. sg.; 2. f. sg.; 2. m. pl.; 2. f. pl.; 1. sg.; 1. pl.

Diese Folge ist aber keine in Abessinien irgendwie übliche. Vielmehr dürfte ihr ein augenblicklicher Einfall des abessinischen Gewährsmanns zugrunde liegen. Gabra Mikaël schloß an den ersten Buchstaben ሀ gleich die lautlich mit ihm zusammengefallenen ሐ und ኀ an, und das veranlaßte ihn, auch die drei anderen Buchstabenpaare, die sich untereinander lautlich nicht mehr unterscheiden, vorwegzunehmen, nämlich ሠ und ሰ, አ und ዐ sowie ጸ und ፀ. Die Reihenfolge der weiteren Buchstaben ist dann die gleiche wie in der herkömmlichen Ordnung.

Wie bei den einzelnen Buchstaben oben bereits angegeben, werden sie heute mit dem Vokal der I. Reihe (ግዕዝ፡ *gə̊'z*) gesprochen, also z. B. *lä*, *mạ*, *rạ* usw.[1]. Da dieser Vokal, wie wir sehen werden, nach den Laryngalen nicht vorkommt, nach diesen vielmehr immer der IV. Vokal gesprochen wird, so werden die Buchstaben ሀ, ሐ und ኀ bzw. አ und ዐ als *ḥā* bzw. *'ā* bezeichnet. Bei den anderen Buchstaben habe ich Bezeichnungen wie *lā*, *mā*, *rā*[2] immer nur als solche der vierten Vokalreihe (ራብዕ፡ *rā̆bə̊'*) gehört, wie z. B. *lū*, *mū*, *rū* als solche der II. (ካዕብ፡ *kā̆'ə̊b*) usw. Der Abessinier kennt den Begriff des Konsonanten für sich überhaupt nicht, sondern kann ihn sich immer nur in Verbindung mit einem Vokal vorstellen. Das ist auch bei der VI. Reihe (ሳድስ፡ *sā̆də̊s*) der Fall, die neben der Vokallosigkeit auch den unbestimmten Vokal (ə) bezeichnet.

Die Buchstaben, die den gleichen Laut wiedergeben, haben meine Gewährsmänner in folgender Weise unterschieden:

ሀ	heißt	ሀሌታው፡ሀ	*hallⁱĕtàu̯_há̄*
ሐ	»	ሐመሩ፡ሐ	*ḥă̄mạrù_ḥá̄*
ኀ	»	ብዙኃኑ፡ኀ	*bəzŭ̄ḫàna̤_ḫá̄*
ሠ	»	ንጉሡ፡ሠ	*nəgùs_sá̤*
ሰ	»	እሳት፡ሰ	*'əsàt_sá̤*
አ	»	አልፉ፡አ	*'alfù_'á̄*
ዐ	»	ዓይኑ፡ዐ	*'ă̄i̯nù_'á̄*
ጸ	»	ጽልመቱ፡ጸ	*ṣ'əlmạtù_ṣ'á̤*
ፀ	»	ፀሓዩ፡ፀ	*ṣ'a̤ḥă̄i̯ù_ṣ'á̤*

Diese Bezeichnungen, die fast in der gleichen Form auch von Praetorius a. a. O. angeführt werden, sind in amharischer Weise konstruiert;

[1] Vgl. Praetorius, Die amharische Sprache, Halle 1879, S. 18.

[2] So Littmann a. a. O.

der Genitiv steht voran, und das Regens folgt[1]. Sie bedeuten also: das ሀ von ሀሌታ፡[2], das ሐ von ሐመር፡[3], das ኀ von ብዙኃን፡, das ሠ von ንጉሠ፡, das ሰ von እሳት፡, das አ von አልፋ፡, das ዐ von ዓይን, das ጸ von ጽልመት[4], das ፀ von ፀሐይ፡[5].

Die in Europa seit dem 16. Jahrhundert bekannten Namen der äthiopischen Buchstaben ሆይ፡, ላው፡, ሐውት፡, ማይ፡[6] usw. sind, wie schon des öfteren[7] hervorgehoben, heute und schon seit langem in Abessinien völlig unbekannt. Ein Mann von der Gelehrsamkeit Aleka Tajes schüttelte den Kopf und lächelte, als ich sie ihm das erstemal bei Ludolf zeigte. Von diesen Namen wisse in Abessinien — so meinte er — kein Mensch, keiner seiner Lehrer habe ihrer je Erwähnung getan, in keiner der vielen hundert alten Handschriften, die er in seinem Leben gelesen habe, kämen sie vor. Nachdem er sich länger mit diesen ihm überaus seltsam erscheinenden Namen beschäftigt hatte, neigte er schließlich zu der Annahme, der Abessinier,

---

[1] Hierbei ist, wie auch sonst in solchen Fällen üblich, die Genitivpräposition የ weggelassen. Bei Guidi, Vocabolario Amarico-Italiano, Roma 1901, col. 1 finden sich mit dem Genitiv-የ die Formen የሃሌታ፡ሀ, የሐመር፡ሐ und የብዙኃን፡ኀ, ebenso col. 409 ያልፋ፡አ und የዓይን፡ዐ, col. 859 የፀሐይ፡ፀ und የጸጸ፡ጸ bzw. የጸሎት፡ጸ; hingegen ohne das የ col. 119 und 139 ንጉሠ፡ሠ und እሳ ት፡ሰ. — Das *ṷ* bzw. *ū* in unseren Formen ሀሌታው፡ሀ, ሐመሩ፡ሐ usw. ist der bestimmte Artikel, der im Amharischen an den voranstehenden Genitiv angehängt wird. Das *ạ* in ብዙኃን፡ኀ kommt in solchen Genitiv-Verbindungen im Amharischen auch sonst vor, z. B. in dem bekannten ቤት፡ሰው፡ *bĭĕtạ‿sạ́ṷ* »Hausgenossen«.

[2] In Dillmanns Lexikon col. 3 ሃሌታ፡. Da aber zwischen ሀ und ሃ in der Aussprache kein Unterschied besteht, werden die beiden Zeichen untereinander vertauscht; siehe oben S. 2. — Das Wort bedeutet »Halleluja-Gesang«.

[3] Praetorius a. a. O. nennt den Buchstaben nach seiner Vorlage ሐምሩሕ፡, und das hat ihn zu der irrigen Annahme veranlaßt, als bezeichne dieses Wort das ሐ des Wortes ምሩሕ፡. Gemeint ist, wie auch bei Littmann II. und Takla Marjam, *Fəṭ'ūn mạlmạdiē* S. 8, das Wort ሐመር፡ (Dillmann col. 76).

[4] Für die Wahl dieses Wortes (bei Littmann und Guidi ጽዮን፡ bzw. ጸሎት፡) dürfte entscheidend gewesen sein, daß es Gen. 1, 2 vorkommt, also das erste Wort der Bibel ist, das diesen Laut enthält, und daß es einen Gegensatz zu *ṣ'ạhā́ị* bildet.

[5] Die Merkwörter für die einzelnen Buchstaben, die Littmann I. S. 678 nach Gabra Mikaël aufführt, sind der »Lehre vom Lexikon« (ግስ፡ *gəs*) entnommen.

[6] Diese Namen hat Nöldeke in den »Beiträgen zur semitischen Sprachwissenschaft«, Straßburg 1904, S. 131 ff. ausführlich behandelt.

[7] Vgl. die bei Praetorius a. a. O. verzeichneten Stellen.

der 1548 in Rom das Neue Testament[1] habe drucken lassen, habe diese Namen nach den griechisch-hebräischen Vorbildern erfunden, und Ludolfs Lehrer sei dem Beispiele jenes Abessiniers gefolgt!

II.

Lautwert der Konsonanten und Vokale.

Die Konsonanten.

Die Konsonanten lauten — mit einigen zu erwähnenden geringfügigen Unterschieden — genau so wie in der heutigen Aussprache des Amharischen. Ich habe die einzelnen amharischen Laute in meinen »Proben aus amharischem Volksmunde« (im folgenden als »Proben« bezeichnet) M. S. O. S. X (1907), II. Abtlg. S. 189 ff. ausführlich behandelt und beschränke mich daher hier auf die notwendigsten Angaben.

Keiner besonderen Besprechung bedarf die Aussprache folgender Konsonanten:

ለ = *l*; መ = *m*; ረ = *r*; ተ = *t*; ነ = *n*; ከ = *k*; ዘ = *z*; ደ = *d*;
ገ = *g*; ፈ = *f*; ፐ = *p*.

Zu ihnen ist nur zu bemerken, daß ረ Zungen-*r*, ደ zerebrales *d* ist, daß ተ, ከ und ፐ, wie schon Littmann[2] hervorgehoben hat, leicht aspiriert, wie die entsprechenden norddeutschen Laute, gesprochen werden. Hingegen habe ich eine Aussprache des ከ-Lautes wie *ć* oder des ገ-Lautes wie *ǵ* »genau auf der Grenze zwischen *t* und *k*, bzw. *d* und *g*«, wie sie in Littmanns Texten so häufig zum Ausdruck kommt, niemals beobachtet[3]. Sie dürfte auf einer individuellen Eigentümlichkeit von Littmanns Gewährsmann beruhen.

ነ ist in der Aussprache des Äthiopischen immer *n*, der deutsche Nasal. Während es im Amharischen vor *g*, *k* und *ḳ'* zum velaren Nasal wird (*ṅ*, wie deutsches *n* in *Enkel*), lautet es, sobald äthiopisch gelesen wird, auch dort wie *n*. መንገድ፡ »Weg« lautet also amharisch *mạṅga̤d*, hingegen äthiopisch *mạnga̤d*, ebenso ድንግል፡ »Jungfrau« amharisch *dəṅgəl*, äthiopisch *dəngəl*. — Einem folgenden *b* assimiliert sich ን in der äthiopischen Aussprache niemals zu *m*, wie das im Amharischen vielfach der Fall ist.

[1] In der Vorrede dieses Drucks erscheinen die Namen zum ersten Male; siehe Nöldeke a. a. O.

[2] II. S. 679.

[3] Siehe Littmann I. S. 633. — Nur eine sehr leichte Mouillierung des *k* bzw. *g* war mitunter vor *i* und *iĕ* zu bemerken.

መንበር፡ »Sitz, Thron« wird im Amharischen über *mạmbạr* zu *ụạmbạr-ụâmbạr*, während es äthiopisch *mạnb̄ár* lautet[1].

ዝ = *z* am Ende eines Wortes wird genau so wie im Amharischen stimmhaft begonnen, aber mit Flüsterstimme zu Ende gesprochen.

ሀ, ሐ und ኀ lauten vollständig gleich, wie das gewöhnliche deutsche *h* ohne Reibegeräusch.

Ebenso fallen lautlich völlig zusammen ሠ und ሰ. Beide werden wie französisches *s* in *son* gesprochen. Daß von einer früheren Aussprache des ሠ wie *ś* heute nichts bekannt ist, daß hingegen unter den abessinischen Gelehrten die Tradition lebt, man habe einst ሠ wie arabisches ث gesprochen, habe ich bereits in den »Proben« S. 190 Anm. 5 bemerkt.

ቀ, ጠ, ጰ, ጸ und ፀ sind genau so wie im Amharischen emphatische Kehlkopfverschlußlaute, die mit Pressung des betreffenden Organs und mit Kehlkopfverschluß gesprochen werden, also wie *ḳ*', *ṭ*', *p̣*' und *ṣ*' lauten[2]; z. B. ቃል፡ *ḳ'āl* »Stimme«; ጠቢብ፡ *ṭ'ạb̄īb̄* »weise«. Die beiden letzten Laute dieser Gruppe ጸ und ፀ sind wiederum völlig zusammengefallen. Beide lauten wie *ṣ*'; z. B. ጽፍር፡ *ṣ'ǝ́fṛ* »Nagel«, ፀሐይ፡ *ṣ'ạhā́ị* »Sonne«. In der heutigen Aussprache des Amharischen werden ጸ und ፀ meist schon wie ጠ *ṭ*' gesprochen. Das kommt in der Aussprache des Äthiopischen nie vor, ebensowenig die von Trumpp behauptete Aussprache des ፀ wie *ts*[3].

Wird ein solcher Laut verdoppelt, so wird ebenso wie im Amharischen der emphatische Laut doppelt gesprochen, der Kehlkopfverschluß aber nur einmal gelöst (*ḳḳ*' usw.).

በ wird bald wie *b*, bald wie bilabiales[4] *v*, hier durch *b̄* umschrieben, gesprochen. Im Anlaut spricht man es wie *b*, außer wenn ein mit *b*

---

[1] Auch die in alten Inschriften vorkommende Assimilation eines *m* an folgendes *b* (Praetorius, Grammatik § 151, Ende), die vereinzelt auch in Handschriften begegnet, ist heute unbekannt; s. weiter unten — in den Texten — die Bemerkung zu Apokalypse des Esra, Kap. 13, V. 1. — [Vgl. jetzt auch Cohen, Dabra-Warq, (Mélanges René Basset), Paris 1923, S. 15].

[2] Ich habe sie »Proben« S. 191 ausführlicher beschrieben.

[3] Vgl. ebenda Anm. 3. — Dort habe ich auch erwähnt, daß nach abessinischer Tradition ፀ einst wie emphatisches ሠ, also wie *ṭ*', gesprochen wurde.

[4] Nicht: dentilabiales, wie ich »Proben« S. 192 geschrieben habe. — In den äthiopischen Handschriften wird mitunter für *f* ein *b̄* geschrieben, z. B. für ገፍትእ፡ *gạftǝ'ā* ገብትእ፡ *gạb̄tǝ'ā*; siehe Dillmann, Lexikon col. 1212.

beginnendes Wort auf ein vokalisch auslautendes folgt. In diesem Falle wird — besonders wenn das zweite Wort sich eng an das erste anlehnt — auch im Anlaut ƀ gesprochen, ebenso im Inlaut immer nach Vokalen, z. B. ገበረ ፡ *gạƀrạ* »er machte«, ዐበየ ፡ *'ăƀịạ* »er war groß«; አብ ፡ *'ăƀ* »Vater«. Auch nach Konsonanten wird vielfach ƀ gesprochen, besonders in solchen Fällen, wo früher einmal ein Murmelvokal voranging, aber auch sonst: z. B. ርክበት ፡ *rəkƀạt* »Auffindung«; በድበድ ፡ *bədƀəd* »Pest«; ያርብሕ ፡ *ịärƀəh* »Riese«; መንበር ፡ *mạnƀạr* »Thron«; አልብየ ፡ *'alƀəịạ* »ich habe nicht«; 3. sg. m. Subj.-Juss. ይልበስ ፡ *ịəlƀạs* »er ziehe sich an«.

Verdoppeltes በ wird immer wie *bb*, nie wie *ƀƀ*, gesprochen, ganz wie im Amharischen und auch im Hebräischen und Syrischen. Bei der oft recht schwierigen Feststellung, ob heute in einer Nominal- bzw. Verbalform sekundäre Verdoppelung vorliegt oder nicht, ist es also ein sehr brauchbares Hilfsmittel, Formen von Stämmen mit በ als zweitem oder drittem Radikal zu wählen. So wird, um hier nur einige wenige Beispiele vorwegzunehmen, die Form ገበረ bald wie *faʿalā*, bald wie *faʿʿalā* gesprochen; z. B. አበሳ ፡ *'ăƀạsā* »Sünde«, aber ቀበላ ፡ *k'ạbbạlā* »Begegnung«. — Vom Sing. masc. ዐቢይ ፡ »groß« *'ăƀị* (mit ƀ) lautet der gebrochene Plural mit Verdoppelung des 2. Radikals ዐበይት ፡ *'abbạịt* (*bb*), ebenso wird auch in der Femininform des Singulars ዐባይ ፡ *'abbäị* der mittlere Radikal verdoppelt, so daß *bb* gesprochen wird. — Während das Perfektum »er machte« ገበረ *gạƀrạ* mit ƀ gesprochen wird, lautet das Imperfektum infolge der sekundären Verdoppelung des 2. Radikals ይገብር ፡ *ịᵊgäbbər* mit *bb*. — »Zwischen ihnen« በበይናቲሆሙ ፡ lautet *bạƀäịnätīhᵘōmū* (mit ƀ an zweiter Stelle), aber: »je nach seiner Familie« በበዘመዱ ፡ *bạbbạzạmạdū*, da in der doppelt gesetzten Präposition, die das distributive Verhalten ausdrückt, wie wir — unten Seite 30 — sehen werden, der Anlaut verdoppelt wird.

Im Anlaut kann nie eine Verdoppelung eintreten. Daher wird in dem eben erwähnten Beispiel das erste በ *bạ* (mit einfachem *b*) gesprochen. In der Verbindung »und je nach seiner Familie« lautet das Wort ወበበዘመዱ ፡ aber tatsächlich *uạbbạbbạzạmạdū*. Ähnlich wird das Wort ባቢሎን ፡ »Babylon« für sich *bäƀīlᵘon* gesprochen, in der engen Verbindung ውስተ ፡ ባቢሎን ፡ aber *ụᵘstạ‿bbäƀīlᵘon*. Hier tritt die Verdoppelung ein; denn ohne sie würde das Wort * *ƀäƀīlᵘon* lauten, was verhütet werden soll.

አ und ዐ werden — voneinander nicht im mindesten verschieden — als leiser Einsatz gesprochen. Im Auslaut werden sie schwach gehaucht oder meist überhaupt nicht mehr gesprochen. So lautet ካልእ ፡ »der Zweite« bald *kälè'*, bald *kälè*. — ዘርእ ፡ »Samen« wird geradezu *zạr* gesprochen, »als ob ዘር ፡ geschrieben wäre«, wie Blatta Heruï mir erklärte; ebenso ሰብእ ፡ »Mensch« *sạb*[1]. Schriftzeichen, die geschrieben, aber nicht gesprochen werden, bezeichnet man heute als ቀጥ[2].

Hingegen habe ich nie beobachtet, daß im Anlaut ein እ oder ዕ (’ə) wegfällt, daß also etwa እስመ ፡ wie *smạ* laute[3]. Nur vor dem dem VII. Vokal vorgeschlagenen *ᵘ* wird nicht mit leisem Einsatz gesprochen. ኦ und ዮ lauten also *ᵘō* (nicht ’*ᵘō*); z. B. ኦሪት ፡ »Thora« *ᵘŏrit*; ዖፍ ፡ »Vogel« *ᵘŏf*.

Nach *ä* wird vokalloses እ bzw. ዕ wie *ⁱ* gesprochen, z. B. ያእምር ፡ »er möge wissen« *i̯äⁱmər*; ሰማዕኩ ፡ »ich habe gehört« *sạmäⁱkŭ*; ቍንዛዕት ፡ »Locke« *k̦'unzäⁱt*. Da, wie wir sehen werden, አ (I. Reihe) immer wie ኣ (IV. Reihe) gesprochen wird, so werden እ und ዕ auch nach አ wie *ⁱ* gesprochen; z. B. አእዱግ ፡ ’*äⁱdŭg* »Esel«; አዕዋፍ ፡ ’*äⁱu̯äf* »Vögel«[4].

ወ und የ sind »unsilbisches« *u* bzw. *i*. ich umschreibe sie mit *u̯* bzw. *i̯*. Sie können wie jeder andere Konsonant, mit Ausnahme der Laryngale, verdoppelt werden; z. B. ይመውት ፡ *i̯ᵊmạu̯u̯ət* »er stirbt«; ይሠይም ፡ *i̯ᵊsạ̈i̯i̯em* »er setzt ein«. — Über die Aussprache von ው und ይ siehe weiter unten bei den Bemerkungen zum VI. Vokal.

Die Vokale.

In unsern Grammatiken wird die I. Vokalreihe gewöhnlich als *ă*, die II. als *ū*, die III. als *ī*, die IV. als *ā*, die V. als *ē*, die VI. als *ĕ* und die VII. als *ō* bezeichnet, so daß kurzes *u*, *i* und *o* überhaupt nicht vertreten sind. In der Tat sind ja gemeinsemitisches *u* und *i* im Äthiopischen im VI. Vokal zusammengefallen.

Für die traditionelle Aussprache der Vokale im Äthiopischen gilt aber im allgemeinen das gleiche, was ich »Proben« S. 193 von den Vokalen im Amharischen bemerkt habe: »Der Unterschied zwischen den einzelnen Vokalen ist nicht sowohl, wie man das gewöhnlich darstellt, ein quantitativer, als vielmehr ein qualitativer. Nicht die Länge oder Kürze ist für einen Vokal charakteristisch (sie hängt von Faktoren ab, die wir noch besprechen werden), sondern es kommt vor allem darauf an, ob ein Vokal eng oder

[1] So erklärt sich der Übergang zu amh. ሰው ፡ *sạu̯*.

[2] Das Wort ist bei Guidi, Vocabolario, nachzutragen.

[3] So oft bei Littmann I; vgl. daselbst S. 631.

[4] In manchen Dialekten des Jiddischen werden in hebräischen Wörtern א und ע nach *a* ähnlich gesprochen; z. B. דאגות »Sorgen« wie *däi̯gəs*; מַעֲשֶׂה »Tat, Vorfall, Geschichte« wie *mäi̯sə*.

weit gesprochen wird. Auch der I. und IV. Vokal unterscheiden sich nicht als *a* und *ā*; denn auch der IV. Vokal wird, wie wir sehen werden, mitunter kurz gesprochen. Vielmehr ist auch bei ihnen der Unterschied ein qualitativer.«

Der I. Vokal, ein sehr enges *a*, wird im allgemeinen wie das deutsche *e* in *gern* oder der Umlaut *ä* in *Blätter* gesprochen. In der Nachbarschaft von ቀ, ገ und ከ liegt der Laut ein wenig näher nach *a* zu, ist aber auch da unserem *e* viel näher als unserem *a*. Während ich, um diese Nuancierung auch in der Umschrift auszudrücken, in den »Proben« den I. Vokal in dem einem Falle durch *a̤*, in dem andern Falle durch *ạ* umschrieben habe, setze ich hier der Einfachheit halber durchgängig ein *a̤*.

Nach ወ lautet der I. Vokal vielfach wie *å*; z. B. ወፅአ ፡ »er ging heraus« *u̯ǻṣ'ă*, ሕይወት ፡ »Leben« *həi̯u̯ǻt*; ebenso nach *u*-haltigem *g*, *k* usw., siehe weiter unten Seite 16f.

Mit folgendem ው oder ይ verbindet sich der I. Vokal zu einem Diphthong, der ebenfalls enger ist als unser *au* oder *ai* und den ich mit *a̤u̯* bzw. *a̤i̯* umschreibe.

Nach den Laryngalen, also nach ሀ, ሐ, ኀ, አ und ዐ, wird dieses *a̤* niemals gesprochen, sondern immer ein reines weites *a*, d. h. der IV. Vokal. ሀ und ሃ, ሐ und ሓ, ኀ und ኃ, አ und ኣ, ዐ und ዓ sind also in der Aussprache voneinander nicht im mindesten verschieden[1]. So erklärt es sich auch, daß diese Buchstaben in äthiopischen Handschriften schon seit langer Zeit ständig miteinander verwechselt werden. Damit ist aber nicht gesagt, daß das *a* nach den Laryngalen immer quantitativ lang ist; denn das ist auch beim IV. Vokal nicht immer der Fall.

Der IV. Vokal, ein weites, offenes *a*, ist quantitativ bald lang (*ā*), bald halblang (*ă̄*), bald geradezu kurz (*a*). Lang ist er in einer Silbe, die den Druck oder Nebendruck[2] hat, z. B. ከቡራን ፡ *kəbūrǻn* »die Gelehrten«; — halblang in offener druckloser Silbe, z. B. መሳፍንት ፡ *ma̤săfə́nt* »Richter«; — kurz in geschlossener druckloser Silbe, z. B. ቀተላክሙ ፡ *ḳ'a̤ta̤lakkə́mŭ̄* »sie (3. pl. fem.) haben euch getötet«.

Folgen zwei oder mehr Konsonanten, wird der IV. Vokal auch in einer Silbe mit Druck mitunter nur halblang oder manchmal geradezu kurz ge-

---

[1] Daher ist አው und አይ nicht gleich *'a̤u̯* bzw. *'a̤i̯*, sondern gleich *'āu̯* (*'ău̯ 'au̯*) bzw. *'āi̯* (*'ăi̯ 'ai̯*).

[2] Der Druck richtet sich im Äthiopischen nicht, wie es häufig dargestellt wird, nach der Quantität der Vokale, sondern umgekehrt diese nach dem Druck. — Das Nähere siehe Abschnitt IV.

sprochen; z. B. መዓልት፡ »Tag« bald wie *mą'ält*, bald *mą'ắlt* oder *mą'ắlt*
Ebenso lautet አንተ፡ »du« (አ wird, wie bereits Seite 14 bemerkt, immer wie ኣ gesprochen), weil auf አ zwei Konsonanten folgen, bald wie *'ắntą*, bald wie *'ắntą*, meist aber *'ántą*.

Auch der II. und III. Vokal werden nicht immer wie langes *ū* bzw. *ī* gesprochen. Charakteristisch für beide ist die Enge. In quantitativer Hinsicht lauten sie bald wie *ū* bzw. *ī*, bald wie *ŭ* bzw. *ĭ*, bald wie *u* bzw. *i*, je nachdem sie in einer offenen Silbe mit Druck oder Nebendruck, offenen drucklosen oder drucklosen geschlossenen Silbe stehen; z. B. ቁም፡ *ḳ'ūm* »stehe«; ቀተሉ፡ *ḳ'ątąlŭ* »sie haben getötet«; ቀተሉክሙ፡ *ḳ'ątąlukkəmŭ* »sie haben euch getötet«; ሢም፡ *sīm* »setze ein«; ይነግረኒ፡ *i̯ənaggərąnnĭ* »er spricht mit mir«; ይሢም፡ *i̯əsim* »er soll einsetzen«.

Für den V. und VII. Vokal ist ihre Weite bezeichnend. Sie wären also durch *ę* bzw. *ǫ* zu umschreiben. Da aber enges *e* (*ẹ*) bzw. *o* (*ọ*) in der heutigen Aussprache überhaupt nicht vorkommen, so können sie mit bloßem *e* bzw. *o* transkribiert werden. Dem V. Vokal wird, außer nach den Laryngalen, also nach ሀ, ሐ und ኀ, አ und ዐ, durchweg ein *i̯*, dem VII. ausnahmslos ein *u̯* vorgeschlagen. Dieses *i̯* bzw. *u̯* tritt bald deutlicher bald weniger intensiv in die Erscheinung, ist aber immer — auch nach den Kehlkopfverschlußlauten — wahrnehmbar[1], z. B. ቤት፡ *bi̯ēt* »Haus«; ቄሐ፡ *ḳ'i̯ēḥă* »er war rot«, aber እግዚአብሔር፡ *'əgzi̯ăbḥēr* »Gott«; ቆመ፡ *ḳ'u̯ōmą* »er stand«, ሖረ፡ *ḥu̯ōrą* »er ging«. — Die Quantität des V. bzw. VII. Vokals hängt, wie die des II., III. und IV., davon ab, ob er in offener Silbe mit Druck oder Nebendruck, offener druckloser oder geschlossener druckloser Silbe steht.

Die größte Schwierigkeit bietet die VI. Schriftzeichenreihe. Sie bezeichnet sowohl die Vokallosigkeit als auch den »unbestimmten« oder »gemischten Vokal«, der bald wie ein überweites *i*, bald wie das deutsche *e* in der zweiten Silbe von *Seele* klingt, bald in der Mitte zwischen beiden liegt. Er ist hier, wie in den »Proben«, immer mit *ə* umschrieben, z. B. ምድር፡ *mədr̥* »Erde«; wo er besonders flüchtig ist, durch hochgestelltes ᵊ, z. B. ወምድርሰ፡ *u̯amədrᵊssá* »die Erde aber«[2].

Auch den abessinischen Schülern fällt es, wenn sie Äthiopisch lernen, im Anfang schwer, beim VI. Vokalzeichen *ə* und Vokallosigkeit zu unter-

[1] Nach *r* ist das *i̯* besonders schwach.

[2] Das እ in እምውስቴቱ (Gen. 1.11. 12 und sonst) klingt unter Einwirkung der folgenden Labialen wie *u*.

scheiden, ähnlich wie das bei dem hebräischen Schewa der Fall ist[1]. So kommt es z. B. vor, daß ein Schüler die Form IV. 3 አስተቃተለ ፡ fälschlich *'ā-sə-ta̤-ḳ'ā-ta̤-la̤* liest, während das ስ hier vokallos (*s*) zu sprechen ist. In einem solchen Falle verbessert ihn der Lehrer mit dem amharischen Worte: ጠቅልል ፡ *ṭ'a̤ḳ'ləl,* »ziehe zusammen; kürze ab«, d. h. »lies *s* und *t* zusammen« (Blatta Heruï). Die Schulsprache ist, wie wir im weiteren Verlaufe noch öfter sehen werden, heute auch beim äthiopischen Unterricht das Amharische, dem auch die meisten termini technici entnommen werden.

Wie beispielsweise bei *b* ብ *bə*, *bᵊ* und *b* bezeichnen kann, so verhält es sich auch mit ው. Es lautet mitunter *u̯ə* oder *u̯ᵊ*, wobei vielfach das *ə* bzw. *ᵊ* unter Einwirkung des *u̯* stark nach *u* hin verändert wird (also fast wie *u̯u* oder *u̯ᵘ*), häufig aber wie bloßes *u̯*; z. B. ይቀውም ፡ »er steht« *i̯ᵊḳ'a̤u̯u̯əm*; ውስተ ፡ »in, inmitten« *u̯ᵘsta̤*; በድው ፡ »Wüste« *ba̤du̯*; ሥርው ፡ »Wurzel« *sər u̯*[2]. Ebenso verhält es sich mit ይ, das bald wie *i̯ə* oder *i̯ᵊ* (bzw. *i̯i* oder *i̯ⁱ*), bald wie bloßes *i̯* gesprochen wird.

Die Lautfolge *ə́* + ው wird entweder diphthongisch *ᵊ́u̯* oder geradezu wie *ū́* gesprochen, z. B. ይውግር ፡ »er soll werfen« *i̯ᵊ́u̯gər* oder auch *i̯ū́gər*; ebenso *ə́* + *i̯* wie *ᵊ́i̯* oder *ī́*, z. B. ለርእይ ፡ »zu sehen« *la̤rə'ᵊ́i̯* oder auch *la̤rə'ī́*. — Daher lauten Worte wie ድልው ፡ »passend« und መጥዕይ ፡ »heilend« auch geradezu wie *dəl(l)ū́* und *ma̤ṭ'ī́*; die Feminina dazu *dəl(l)ū́t* und *ma̤ṭ'ī́t* werden schon ድሉት ፡ und መጥዒት ፡ geschrieben. — Ähnlich ist schon in alter Zeit beispielsweise das Imperfekt III *u̯* *ይትለው > ይተሉ, das Imperfekt III *i̯* *ይሰምይ ፡ > ይሰሚ ፡ geworden. — Ist in der Lautfolge *ə́* + ው bzw. *ə́* + ይ das ው bzw. ይ verdoppelt, so spricht man *ū́u̯* bzw. *ī́i̯*; siehe z. B. weiter unten Seite 23 und 75.

Am Schlusse einsilbiger Worte werden ር, ል und ን, denen ein anderer Konsonant vorangeht, »silbisch« gesprochen, also wie *r̥* bzw. *l̥* und *n̥*[3]; z. B. ምድር ፡ *mə́dr̥* »Erde«; ይብል ፡ *i̯ə́bl̥* »er sagt«; ሰምን ፡ *sə́mn̥* »achtfach«.

Nach *u*-haltigem ቀ, ኀ, ከ und ገ lauten die Vokale folgendermaßen:

ቋ zuweilen wie *ḳ'ᵘa̤*, meist wie *ḳ'ᵘå*,

ቍ wie *ḳ'ᵘī* (bzw. *ḳ'ᵘĭ* oder *ḳ'ᵘi*),

---

[1] Takla Marjam verwendet für das VI. Vokalzeichen, wo dieses mit drucklosem *ə* zu sprechen ist, zur Unterscheidung einen über den Buchstaben gesetzten Punkt (siehe z. B. *Ma̤mhər* S. 12 und Littmann III. S. 319), verfährt aber auch hierbei vielfach ungenau.

[2] Zu den beiden letzten Wörtern vgl. weiter unten S. 39.

[3] Vgl. Littmann I. S. 632. — Ein wenig ist diese »silbische« Aussprache im Auslaut auch bei jedem anderen Konsonanten, dem ein Konsonant vorangeht, bemerkbar.

ቋ wie *ḳ'*^{u}*ā* (bzw. *ḳ'*^{u}*ă* oder *ḳ'*^{u}*a*),

ቌ wie *ḳ'*^{u}*ē* (bzw. *ḳ'*^{u}*ĕ* oder *ḳ'*^{u}*e*),

ቍ fast nie mehr wie *ḳ'*^{u}*ə*, sondern fast immer wie *ḳ'u* oder *ḳ'*^{u}.

Dementsprechend *g*^{u}*a̤* oder meist *g*^{u}*å*; *g*^{u}*ı* (*g*^{u}*ī̆*; *g*^{u}*i*); *g*^{u}*ā* (*g*^{u}*ă*; *g*^{u}*a*); *g*^{u}*ē* (*g*^{u}*ĕ*; *g*^{u}*e*); selten *g*^{u}*ə*, meist *gu* oder *g*^{u} usw.

III.

Konsonantenverdoppelung und Konsonantenlänge.

Neben der Tatsache, daß ein und dasselbe Schriftzeichen im Äthiopischen sowohl den Konsonanten mit »unbestimmtem« *ə* als auch den bloßen Konsonanten bezeichnet (z. B. ብ = *bə* und *b*), erschwert nichts die korrekte Lesung äthiopischer Schrift so sehr wie der Mangel eines Verdoppelungszeichens [1]. Er macht sich um so empfindlicher fühlbar, als ein und dasselbe Schriftbild auf diese Weise verschiedene Formen von verschiedener Bedeutung darstellt, die in der Aussprache unterschieden werden. Dies soll hier nur an zwei Beispielen verdeutlicht werden:

Die Schreibung ይባርክ፡ vertritt sowohl den Indikativ des Imperfekts wie auch den Subjunktiv-Jussiv. In der Aussprache sind aber beide Formen so unterschieden, daß die eine, »er segnet«, *i̯ᵊbārrək*, die andere, »er segne«, *i̯ᵊbārək* gesprochen wird. Ebenso vertritt ሐና፡ sowohl einen männlichen als auch einen weiblichen Eigennamen [2]. Der erste, wohl Abkürzung aus חֲנַנְיָה = Ἀνανίας, wird *ḥānă*, der zweite, der חַנָּה = Hanna wiedergibt, wird *ḥānnă* gesprochen.

Gerade in bezug auf die Lautverdoppelung sind die Angaben von Trumpp, Takla Marjam, Littmann und Cohen sehr verschieden. Ich habe darum alle Formen, in denen sie voneinander abweichen, zu wiederholten Malen eingehend mit Blatta Heruï durchgesprochen. Ob in einem äthiopischen Worte ein bestimmter Konsonant doppelt oder einfach gesprochen wird, läßt sich nur durch genaue Beobachtung am gesprochenen Worte feststellen [3]. Ein Vergleich mit den übrigen semitischen Sprachen reicht nicht

---

[1] Erst in der allerletzten Zeit sind verschiedene Abessinier dazu übergegangen, nach Vorgang des arabischen Tašdīd ein Verdoppelungszeichen zu schaffen (vgl. über diese Versuche Cohen S. 235 f.).

[2] In Dillmanns Lexikon s. v., col. 1410, ist nur der weibliche Eigenname verzeichnet.

[3] Im Gegensatz zu der Mehrzahl der deutschen Mundarten sowie zum Englischen und Französischen und zu anderen Sprachen, die »die durch Verdoppelung

aus. Denn einerseits tritt neben etymologisch berechtigter Verdoppelung die **Gemination sekundär** auch dort ein, wo keine andere semitische Sprache sie zeigt, andererseits wird etymologisch anzusetzende Verdoppelung in der traditionellen Aussprache des Äthiopischen nicht selten **aufgegeben**. Wir können also folgende Fälle unterscheiden:

1. Etymologisch berechtigte Verdoppelung, z. B. ገነት ፡ »Garten« *gannát*; እመት ፡ »Elle« *ʾəmmát*; ልብ ፡ »Herz« *lə́bb*; ስሱ ፡ »sechs« *səssū́* (entstanden aus * *sədsū́*).

2. Sekundäre Verdoppelung, z. B. ነገረኒ ፡ »er hat mir gesagt« *nagaránnĭ*; Imperfekt des Grundstammes: ይነግር ፡ »er sagt« *jənágger*.

3. Aufgabe etymologisch anzusetzender Verdoppelung; z. B. ኵሉ ፡ »alle« *kulū́*[1] (nicht *kullū́*)[2]; አላ ፡ [3] »aber« *ʾā́lă*[4] (nicht *ʾallā́*)[5]. Ebenso wird das Wort እም ፡ »Mutter« zumeist *ʾə́m*[6] gesprochen. Die Aufgabe der Verdoppelung hängt hier nicht etwa mit dem Auslaut zusammen, wie die Beispiele ልብ ፡ »Herz« *lə́bb*[7] und ሕግ ፡ »Gesetz« *hə́gg*[8] beweisen. Ebenso ist, wie wir sehen werden, im Subjunktiv-Jussiv und im Imperativ der Steigerungsstämme II. 2, III. 2, IV. 2 die Verdoppelung aufgegeben.

Die Lautverdoppelung heißt auf äthiopisch አጽንዖ ፡ *ʾaṣʾnəʾō* »Verstärkung«. Heute ist, wie bei allen Termini technici, auch hier eine amharische Bezeichnung üblicher. Sie lautet መጥበቅ ፡ *maṭʾbak̓* (wörtlich »Fest-

---

des Zeichens ausgedrückten Laute nicht mehr als Geminaten, sondern als einfache Fortes aussprechen« (Sievers, Phonetik, 3. Aufl., S. 191, § 29, 2, b), wird im Äthiopischen der betreffende Laut wirklich doppelt gesprochen.

[1] Diese Aussprache hatte ich schon bei Aleka Taje bemerkt; sie ist mir von Blatta Heruï als heute fast allgemein gültig bezeichnet worden.

[2] So des öfteren bei Littmann I und Takla Marjam, z. B. *Fəṭʾūn malmadiē* S. 23, 26, 28, 29.

[3] Ich halte dieses Wort mit Nöldeke (bei Dillmann, Grammatik, S. 365 Anm. 2) für das griechische *ʾαλλά*.

[4] Oft drucklos: *ʾălă*⏑—.

[5] So des öfteren bei Takla Marjam, z. B. a. a. O. S. 27, 28, 29 und danach bei Littmann III. S. 334, 335.

[6] Aleka Taje sprach das Wort mit doppeltem *m*; ebenso findet es sich bei Takla Marjam a. a. O. S. 23. — Blatta Heruï bezeichnete diese Aussprache als die einer Minderheit, während im allgemeinen *ʾə́m* gesprochen werde.

[7] So auch bei Takla Marjam a. a. O. S. 32 (dreimal).

[8] Bei Littmann I. S. 634 — Psalm 1, 2 — lautet das Wort mit der Status-constructus-Endung bzw. dem Personalsuffix einmal mit einfachem *g*: *həga*, ein zweites Mal mit Verdoppelung: *wazahəggʷō*.

geschnürtsein«), und dementsprechend sagt man von einem Konsonanten, der verdoppelt ist, oder auch von einem Worte, in dem ein solcher Konsonant vorkommt, auf amharisch ይጠብቃል ፡ und bezeichnet diesen Konsonanten oder dieses Wort als ጠባቂ ፡. Ist ein Laut nicht verdoppelt oder kommt in einem Worte kein verdoppelter Konsonant vor, so sagt man dementsprechend አይጠብቅም ፡ oder man verwendet das Verbum ላላ, das aus äthiopisch ላኅልኀ ፡ entstanden ist und im Gegensatz zu »festgeschnürt sein« »schlaff, lose sein« bedeutet.

In den meisten Fällen ist die Verdoppelung als allgemein gültig anzusetzen; es bestehen hierbei keine Unterschiede in der abessinischen Überlieferung. In den andern Fällen, die aber durchaus in der Minderzahl sind, sprechen einige Gelehrte mit Lautverdoppelung, andere den einfachen Konsonanten. Blatta Heruï, der in diesen letzteren Fällen immer die Wendung gebrauchte በልማድ ፡ ይጠብቃል ፡, die Verdoppelung hier also nur als eine gewohnheitsmäßige, übliche (nicht: notwendige) bezeichnete, konnte mir über diese Verschiedenheiten in der heutigen Aussprache genaue Mitteilungen machen, die im folgenden sowie in den Anmerkungen zu den Tabellen und Texten verwertet sind.

Bei einigen bestimmten Formen sagte Blatta Heruï von einem Konsonanten ጥቂት ፡ ይጠብቃል ፡ »er wird ein wenig verstärkt«. In diesen Fällen liegt keine Konsonantenverdoppelung vor, vielmehr handelt es sich hier um das, was man in der Phonetik Länge eines Konsonanten nennt[1]. Die Fälle von Konsonantenlänge sind am Schluß dieses Abschnittes zusammengestellt.

Jeder Konsonant kann im Äthiopischen verdoppelt werden mit Ausnahme der Laryngale. Daher lautet das Perfekt der Steigerungsform I. 2 መሀረ ፡ »lehren« *mạhắra* (nicht * *mạhhắra*, wie ፈጸመ ፡ *fạṣṣ'ắmạ*); »der Lehrer« መምህር ፡ *mạmhə́r* (im Gegensatz zu መፈክር ፡ *mạfạkkə́r* »Erklärer« und መፈውስ ፡ *mạfạụụə́s* »Arzt«). Ebenso lautet das Imperfekt des Grundstammes, obwohl der zweite Radikal im allgemeinen verdoppelt wird, bei Verben mediae laryngalis beispielsweise: ይምሕል ፡ »er schwört«, *i̯ᵊmə́həl* (nicht * *i̯ᵊmə́hhəl*), ይውህብ ፡[2], »er gibt«, *i̯ᵊụə́həb* (nicht * *i̯ᵊụə́hhəb*),

---

[1] Sievers, S. 193 f.: »Auf alle Fälle muß nachdrücklich darauf aufmerksam gemacht werden, daß Geminata und langer Konsonant streng voneinander zu scheiden sind. Man kann einen Dauerlaut bei kontinuierlicher Exspiration beliebig lange aushalten, ohne daß er zur Geminata wird.«

[2] Nicht bei Dillmann; s. Cohen S. 250. — Dort nach Abba Jérôme *yəwəhhəb*.

ይብህል ፡ »er sagt« *i̯əbə́həl* (nicht * *i̯əbə́hhəl*)[1], ይውሕዝ ፡ »er fließt« *i̯əu̯ə́həz* (nicht * *i̯əu̯ə́hhəz*)[1].

Alle andern Konsonanten, auch *u̯* und *i̯*, können verdoppelt werden. So spricht man das Imperfekt ይቀውም ፡ »er steht« *i̯əḳ'ą́u̯u̯əm*, ይሠይም ፡ »er setzt« *i̯əsą́i̯i̯əm*.

Die Verdoppelung kann jeden Konsonanten in einem Worte treffen mit Ausnahme des Anlautes[2]. Auch der Auslaut kann verdoppelt werden. Auf ልብ ፡ »Herz« *lə́bb*, ሕግ ፡ »Gesetz« *hə́gg* wurde schon oben hingewiesen. Weitere Beispiele sind: ክብድ ፡ »schwer« (fem.) *kəbə́dd* (entstanden aus * *kəbə́dt*), ወለት ፡ »Tochter« *u̯ąlą́tt* (entstanden aus * *u̯ąlą́dt*).

Im folgenden sollen die Formen, in denen eine Lautverdoppelung erfolgt, durch die verschiedenen Teile der Grammatik verfolgt werden:

A. Verbum.

Beim Verbum wird verdoppelt:

1. Der I. Radikal in den Imperfekten der Reflexivstämme, wo *t* sich einem folgenden ሠ, ሰ, ዘ, ጸ, ፀ, ደ oder ጠ assimiliert, oder wenn der erste Radikal selbst ein ተ ist; z. B. III. 1 ይሰመይ ፡ *i̯əssą́mmąi̯* (aus * *i̯ətsą́mmąi̯*); III. 2 ይጼገው ፡ *i̯əṣṣ'ⁱéggąu̯* (aus * *i̯əṭṣ'ⁱéggąu̯*); III. 1 ይተከል ፡ *i̯əttą́kkąl*;

2. Der II. Radikal:

a) Im Perfekt aller Steigerungsstämme; z. B. I. 2 ፈጸመ ፡ *fąṣṣ'ą́mą*; II. 2 አፈጸመ ፡ *'ăfąṣṣ'ą́mą*; III. 2 ተፈጸመ ፡ *tąfąṣṣ'ą́mą*; IV. 2 አስተጸነሰ ፡ *'ăstąṣ'ąnną́sa*.

b) Im Imperfekt-Indikativ sämtlicher Konjugationen[3], also von I. 1, I. 2, I. 3; II. 1, II. 2, II. 3; III. 1, III. 2, III. 3; IV. 1, IV. 2, IV. 3. Diese sekundäre Verdoppelung des Imperfekt-Indikativs ist — abgesehen von den mediae laryngalis — allgemein; z. B. I. 1 ይነግር ፡ *i̯ənággər*; I. 2 ይፌጽም ፡ *i̯əfⁱéṣṣ'əm*; I. 3 ይባርክ ፡ *i̯əbărrək*[4]; II. 1 ያነግር ፡ *i̯ănąggər*; II. 2 ያፌጽም ፡ *i̯ăfⁱéṣṣ'əm*; II. 3 ያላቅስ ፡ *i̯ăląkḳ'əs*[4]; III. 1 ይትነገር ፡ *i̯ətnąggąr*; III. 2 ይት-

[1] Cohen S. 251.

[2] Wenn Blatta Heruï mir einmal bei dem Worte ሰዋስው ፡ »Leiter, grammatisches Vokabular« auf das erste ሰ ein Verdoppelungszeichen gesetzt hat und meine Frage, ob er sich vielleicht verschrieben habe, verneinte, so wollte er damit, wie auch seine Aussprache bewies, nur die Schärfung des Konsonanten bezeichnen.

[3] Bei mehrradikaligen Verben wird der vorletzte Radikal verdoppelt; z. B. ይማህርክ ፡ *i̯əmăhărrək* »er nimmt gefangen«, ይቶስሕ ፡ *i̯ətu̯ə́ssəh* »er mischt«.

[4] Siehe oben Seite 2, Anm. 2. — Die von Cohen S. 252, Anm. 1, mitgeteilte Aussprache *i̯əbārək* (Abba Jérôme) beruht, wie Blatta Heruï mit Recht bemerkte, auf

ፌጸም ፡ *i̯ətfi̯éṣṣ'ạm*; III. 3 ይትናገር ፡ *i̯ətnǟggạr*; IV. 1 ያስተነፍስ ፡ *i̯ȁstạnạ́ffes*; IV. 2 ያስተጼንስ ፡ *i̯ȁstạṣ'i̯énnəs*; IV. 3 ያስተናግር ፡ *i̯ȁstạnǟggər*.

c) Im Subjunktiv-Jussiv und Imperativ des Steigerungsstammes, der keine äußeren Bildungszusätze hat, also von I. 2; z. B. Subj.-Juss. ይፈጽም ፡ *i̯əfáṣṣ'əm*[1]; Imper. ፈጽም ፡ *fáṣṣ'əm*.

Hingegen wird der II. Radikal im Subj.-Jussiv und im Imper. der Steigerungsstämme, die äußere Bildungszusätze haben, also von II. 2, III. 2, IV. 2 — abgesehen von vereinzelten, bald zu besprechenden Ausnahmefällen — einfach gesprochen. Für den Subjunktiv-Jussiv von III. 2 hat dies bereits Cohen[2] nach der Aussprache Ato Tafaris festgestellt. Das gleiche gilt aber, wie ich bereits bei Aleka Taje beobachtet hatte und wie mir von Blatta Heruï auf das nachdrücklichste bestätigt wurde, auch für die Steigerungsstämme der II. und IV. Verbalklasse. — Beispiele:

II. 2	Subj.-Juss.	ያፈጽም ፡	*i̯ăfạ́ṣ'əm*[3]	—	Imper.	አፈጽም ፡	*'ăfạ́ṣ'əm*
	»	ያኰንን ፡	*i̯ăkᵘ̯ạ́nən*	—	»	አኰንን ፡	*'ăkᵘ̯ạ́nən*
	»	ያሠውን ፡	*i̯ăsạ́u̯ən*	—	»	አሠውን ፡	*'ăsạ́u̯ən*
	»	ያጠይቅ ፡	*i̯ăṭ'ạ́i̯ək'*	—	»	አጠይቅ ፡	*'ăṭ'ạ́i̯ək'*
III. 2	»	ይትወከል ፡	*i̯ətu̯ạ́kạl*	—	»	ተወከል ፡	*tạu̯ạ́kạl*
	»	ይትፈጸም ፡	*i̯ətfạ́ṣ'ạm*	—	»	ተፈጸም ፡	*tạfạ́ṣ'ạm*
	»	ይትአዘዝ ፡	*i̯ət'ăzạz*	—	»	ተአዘዝ ፡	*tạ'ăzạz*
	»	ይትፈወስ ፡	*i̯ətfạ́u̯ạs*	—	»	ተፈወስ ፡	*tạfạ́u̯ạs*
IV. 2	»	ያስተጸንስ ፡	*i̯ȁstạṣ'ạ́nəs*	—	»	አስተጸንስ ፡	*'ȁstạṣ'ạ́nəs*
	»	ያስተወከል ፡	*i̯ȁstạu̯ạ́kəl*	—	»	አስተወከል ፡	*'ȁstạu̯ạ́kəl*

Bei III. 2 haben einige wenige Verben im Subjunktiv-Jussiv und Imperativ den mittleren Radikal verdoppelt, so außer dem schon von Cohen[4] angeführten ይትነበይ ፡ *i̯ətnạ́bbại̯*, zu dem der Imperativ ተነበይ ፡ *tạnạ́bbại̯* gehört, auch ገብረ ፡ III. 2 Subj.-Juss. ይትገበር ፡ *i̯ətgạ́bbạr* und Imper. ተገ

---

einer Verwechselung mit dem Amharischen, wo der mittlere Radikal nicht verdoppelt wird. Ebenso verhält es sich mit II. 3 ያላቅስ ፡ das äth. *i̯ălákk̦'əs* lautet.

[1] Von ሰብሐ ፡ — ይሰብሕ ፡ »er preise« *i̯əsạ́bbəh*. — Die von Cohen S. 253, Anm. 2 nach Ato Tafari mitgeteilte Variante * ይሰበሕ ፡ *i̯əsạ́bbah* beruht nach Blatta Heruï auf einen Irrtum. Es komme ausschließlich ይሰብሕ ፡ vor.

[2] S. 253.

[3] Abba Jérôme bei Cohen, S. 254: *yăfäṣṣəm*.

[4] S. 253.

በር ፡ *ta̤gá̤bba̤r*, sowie III. 2 Subj.-Juss. **ይትፈሣሕ ፡** *i̯ətfá̤ssah*[1] und Imper. **ተፈሣሕ ፡** *ta̤fá̤ssah* (bei diesem Verbum ebenso auch in IV. 2).

Im Gegensatz zu den obigen Ausführungen gibt Littmann II. Seite 680 bis 691 in den Verbaltabellen bei den Subj.-Jussiven und Imperativen aller Steigerungsstämme, also nicht nur von I. 2, sondern auch von II. 2, III. 2 und IV. 2, die Aussprache seines Gewährsmannes mit Verdoppelung des mittleren Radikals wieder.

3. Der III. Radikal: bei den konsonantisch auslautenden Formen des Subjunktiv-Jussivs und Imperativs vor den Suffixen der 3. Person (m. und f., sg. und pl.)[2]; z. B. **ይንግሮ ፡** *i̯əngə́rrᵘŏ* »er spreche mit ihm«; **ይንግራ ፡** *i̯əngə́rră* »er spreche mit ihr«; **ንግሮ ፡** *nəgə́rrᵘŏ* »sprich mit ihm«; **ንግራ ፡** *nəgə́rră* »sprich mit ihr« usw.; **ያንግሮ ፡** *i̯angə́rrᵘŏ* »er lasse ihn sprechen«; **አንግሮሙ ፡** *ʾangərrᵘṓmŭ* »laß sie (pl. m.) sprechen« (siehe die Tabellen; weiter unten Seite 79).

4. Personalendungen des Perfekts:

a) Das *t* der Endung *a̤t* der 3. f. sg. wird vor sämtlichen Objektsuffixen verdoppelt[3]; z. B. **ወለደተኒ ፡** *u̯a̤la̤da̤ttá̤nnĭ* »sie hat mich geboren«; **ወለደተከ ፡** *u̯a̤la̤da̤ttá̤kka̤* »sie hat dich (m.) geboren« usw. (siehe Seite 75).

b) Das *k* der Endung *ka̤* der 2. m. sg. vor den Objektsuffixen[4]. Bei einigen Formen ist diese Verdoppelung nicht geradezu Vorschrift, sondern nur üblich. Beispiele: **ነገርከኒ ፡** *na̤ga̤rkká̤nnĭ* »du hast mit mir gesprochen«; **ነገርከሙ ፡** *na̤ga̤rk(k)ᵘṓmŭ* »du hast mit ihnen (m.) gesprochen«. — Die Einzelheiten siehe weiter unten in den Tabellen, Seite 75.

c) Das *k* der Endung *kī* der 2. f. sg. wird üblicherweise ebenfalls vor den Objektsuffixen verdoppelt[4]; z. B. **ነገርክዮ ፡** *na̤ga̤rk(k)í̯ᵘŏ* »du (f.) hast mit ihm gesprochen«. — Das Nähere siehe in den Tabellen, ebenda.

---

[1] So auch Cohen S. 260 — nach Abba Jéròme — **ይትፈሥሐኒ ፡**

[2] So auch Cohen S. 257 nach Ato Tafari und Abba Jéròme. Diese Verdoppelung verzeichnet übrigens auch Takla Marjam, z. B *Ma̤mhər* S. 29.

[3] Ebenso Cohen S. 258. — Der dort vermerkte Zweifel Abba Jéròmes, ob das *t* auch vor dem Objektsuffix **ከሙ** verdoppelt werde, ist nach Blatta Heruī unberechtigt. Die betreffende Form **ወለደተከሙ ፡** laute *u̯a̤la̤da̤tta̤kkə́mŭ*. — Bei Littmann II. S. 695 ist das *t* nur vor den Suffixen der 3. Person verdoppelt.

[4] Diese Verdoppelung ist bisher noch nicht verzeichnet worden. Cohen S. 260 oben: **አእመርኮ ፡** *ʾaʾmarkṓ*. Die Form lautet nach Blatta Heruī *ʾăimarkkᵘṓ*. — Auch Littmann II. S. 695 hat durchgängig einfaches *k*.

d) Das *k* der Endung ከሙ der 2. m. pl.; z. B. ነገርከሙ ፡ *nagarkkəmŭ* »ihr (m.) habt gesprochen«; ኖምከሙ ፡ *n*^{u}*omkkəmŭ* »ihr habt geschlafen«; አውለድከሙ ፡ *'ăuladkkəmŭ* »ihr habt gezeugt«[1].

Diese Verdoppelung des *k* in der Endung der 2. m. pl. des Perfekts aller Stämme ist allgemein. Auch Aleka Taje sprach, wie meine Aufzeichnungen zeigen, diese Endung -ከሙ immer mit doppeltem *k* und einfachem *m*[2]. Blatta Heruï setzte jedesmal auf das ከ, nie aber auf das ሙ ein Tašdīd. Er bezeichnete die Aussprache *-kkəmŭ* als ausnahmslos gültig und behauptete, daß das Fehlen eines Verdoppelungszeichens bei Takla Marjam nur auf Versehen beruhen könne[3].

Hingegen wird das *k* in der Endung der 2. f. pl. -ከን einfach gesprochen; z. B. ነገርከን ፡ *nagarkən*[4].

e) Bei allen auf *ū* endenden Formen des Perfekts (1. sg.; 3. m. pl.; 2. m. pl.), Imperfekts (3. m. pl.; 2. m. pl.) sowie Imperativs (2. m. pl.) wird vor den Suffixen der 3. Person (m. und f.; sg. und pl.) das *u̯* in der Endung *ū* verdoppelt; z. B. ነገርዎ ፡ *nagarŭu̯ŏ* »sie haben mit ihm gesprochen«; ይነግርዋ ፡ *i̯ənaggərŭu̯ă* »sie sprechen mit ihr«; ነገርኩዎሙ ፡ *nagarkŭu̯ŏmŭ* »ich habe mit ihnen gesprochen«; ይነግርዎን ፡ *i̯ənaggərŭu̯on* »sie (m.) sprechen mit ihnen (f.)«[5].

Diese Formen werden nicht, wie bei uns vielfach üblich, *nagarəu̯u̯o* gesprochen, vielmehr lauten die Endungen, wie eben umschrieben, *-ŭu̯ŏ*, *-ŭu̯ă*, *-ŭu̯ŏmŭ*, *-ŭu̯on*.

Die Verdoppelung des *u̯* bei diesen Formen, die auch Cohen[6] — nach Ato Tafari — feststellt, ist nach Blatta Heruï allgemein. Er erklärte auch

---

[1] Cohen S. 261 (unter c) *-kəmū*; Littmann I. und II. durchgängig *-kəmmū*; Littmann III. S. 331 *-kəmū*.

[2] Die Bemerkung bei Littmann II. S. 701, ich hätte durchgängig *-kəmmū* notiert, beruht offenbar auf einem Mißverständnis. — Wohl hatte ich (siehe daselbst) nach Aleka Tajes Diktat das Wort እምነ ፡ »von« immer als *'əmna* niedergeschrieben — vgl. weiter unten S. 30 —; aber die Endung -ከሙ habe ich ausnahmslos als *-kkəmŭ* verzeichnet.

[3] Über das Objektsuffix -ከሙ siehe weiter unten S. 24 f.

[4] Über das Objektsuffix -ከን siehe weiter unten S. 25.

[5] Punkt 4. e) und f) könnten auch unter 5 (Objektsuffixe) besprochen werden.

[6] S. 261. — Der Zweifel Abba Jérômes, den Cohen in bezug auf einige Formen vermerkt, ist nach Blatta Heruï unberechtigt. So laute ከፈልዎሙ ፡ *kafalŭu̯ŏmŭ*; ይከፍልዎሙ ፡ *i̯əkaffəlŭu̯ŏmă*; ይክፍልዎሙ ፡ *i̯əkfəlŭu̯ŏmă*. — Die Schwankungen in Littmanns Wiedergabe der betreffenden Formen sind bei Cohen a. a. O. zusammengestellt.

hier das Fehlen eines Verdoppelungszeichens bei Takla Marjam als auf Ungenauigkeit beruhend.

f) Bei den auf *ī* endenden Formen des Perfekts, Imperfekts und Imperativs (2. f. sg.) wird in gleicher Weise vor den Suffixen der 3. Person (m. und f.; sg. und pl.) das *i̯* verdoppelt; z. B. ነገርኪዮ፡ *nạgạrkíi̯ᵘŏ* »du (f.) hast mit ihm gesprochen«; ትነግሪያ፡ *tənạggərīi̯ă* »du (f.) sprichst mit ihr«[1].

5. Anlaut der Objektsuffixe:

a) Das *n* der Suffixe der 1. sg. und pl., ኒ und ን, wird

α) verdoppelt, wenn diese Suffixe an Verbalformen treten, die an sich oder in Verbindung mit einem Suffix auf einen »kurzen« Vokal enden; z. B. ነገረኒ፡ *nạgạrạ́nnĭ* »er hat mit mir gesprochen«; ትነግረን፡ *tənạggərə́nnạ* »du (f.) sprichst mit uns«; ይነግረን፡ *i̯ənạggərạ́nnạ* »er spricht mit uns«;

β) einfach gesprochen, wenn die Suffixe an Formen treten, die auf *ū* oder *ā* enden; z. B. ነገሩኒ፡ *nạgạrū́nĭ* »sie haben mit mir gesprochen; ይነግራኒ፡ *i̯ənạggərā́nĭ* »sie (f. pl.) sprechen mit mir«[2].

b) Das *k* der Suffixe 2. m. sg. und 2. f. sg. -ከ und -ኪ wird

α) in den unter 5. a. α genannten Fällen verdoppelt; z. B. ነገረከ፡ *nạgạrạ́kkạ* »er hat mit dir gesprochen«; ይነግረኪ፡ *i̯ənạggərạ́kkĭ* »er spricht mit dir (f.)«; ነገረተከ፡ *nạgạrạttạ́kkạ* »sie spricht mit dir (m.)«;

β) nach den auf *ū* endenden Verbalformen einfach gesprochen; z. B. ነገርኩከ፡ *nạgạrkū́kạ* »ich habe mit dir gesprochen«; ነገሩኪ፡ *nạgạrū́kĭ* »sie haben mit dir (f.) gesprochen«;

γ) nach den auf *ā* endenden Verbalformen verschieden behandelt:

αα) nach der 3. und 2. f. pl. des Imperfekts wird allgemein nur ein *k* gesprochen; z. B. ይነግራከ፡ *i̯ənạggərā́kạ* »sie (f. pl.) sprechen mit dir (m.)«; ይነግራኪ፡ *i̯ənạggərā́kĭ* »sie sprechen mit dir (f.)«;

ββ) nach der 3. f. pl. und 1. pl. des Perfekts kommt sowohl die Aussprache mit einfachem als auch mit doppeltem *k* vor (siehe das Nähere in den Tabellen, Seite 76 und 77).

c) Das *k* des Suffixes 2. m. pl. -ከሙ[3] wird in allen Fällen, ob auf einen »kurzen« oder einen »langen« Vokal folgend, verdoppelt; z. B. ነገረከሙ፡ *nạgạrạkkə́mŭ* »er hat mit euch gesprochen«; ነገሩከሙ፡ *nạgạrukkə́mŭ* »sie

[1] Ebenso Cohen S. 262 f. — Auch hier bezeichnete Blatta Heruï die abweichende Aussprache Abba Jérômes: ከፈልኪዮ፡ mit einem *i̯* als Ungenauigkeit. Die Form laute *kạfạlkíi̯ᵘŏ*.

[2] Aleka Taje sprach das *n* auch nach der 3. f. pl. ነገራ፡ doppelt; z. B. ነገራኒ፡ *nạgạránnĭ* »sie haben mit mir gesprochen«; siehe Seite 76, Anm 3.

[3] Über die Endung der 2. m. pl. des Perfekts ከሙ s. oben Seite 23

(m.) haben mit euch gesprochen«; ነገሩክሙ ፡ *nạgạrakkə́mŭ̈* »sie (f.) haben mit euch gesprochen«. Diese Aussprache Aleka Tajes ist mir von Blatta Heruï ausdrücklich bestätigt worden, mit dem Bemerken, daß die Verdoppelung des *k* nicht nur üblich, sondern geradezu Vorschrift sei[1].

d) Das *k* des Suffixes 2. f. pl. ‐ክን[2] wird ebenfalls in allen Fällen, auch nach »langen« Vokalen, verdoppelt. Auch hier war die Aussprache meiner beiden Gewährsmänner einheitlich. Nur bezeichnete Blatta Heruï die Verdoppelung bei ‐ክን im Gegensatz zu ‐ክሙ nur als üblich. Manche sprechen ein einfaches, aber langes *k*; vgl. weiter unten Seite 32.

B. Pronomen.

Unter den Pronomina kommt eine Lautverdoppelung vor bei folgenden Formen:

1. Demonstrativpronomen: ኢሉ ፡ *'ellū́* »diese (m. pl.)«; እላ ፡ *'əllā́* »diese (f. pl.)«; ዛቲ ፡ *zàttī́* — Akk. ዛተ ፡ *zàttą́* »diese (f. sg.)«; እሎንቱ ፡ *'əllᵘòntū́* — Akk. እሎንተ ፡ *'əllᵘòntą́* »diese (m. pl.)«; እላንቱ ፡ *'əllàntū́* — Akk. እላንተ ፡ *'əllàntą́* »diese (f. pl.)«.

ዝኩ ፡ *zəkkū́* jener; እንትኩ ፡ *'əntəkkū́* »jene (f. sg.)«; ኢልኩ ፡ und ኢልክቱ ፡ *'ellə̀kᵊtū́* »jene (pl.)«[3].

2. Relativpronomen: እለ ፡ *'əllą‿* —.

3. Fragepronomen: መኑ ፡ *mạnnū́* »wer« — Akk. መነ ፡ *mą́nną*.

4. Personalpronomen: አንትሙ ፡ *'anttə́mŭ̈* »ihr (m.)«[4]; አንትን ፡ *'anttə́n* »ihr (f.)«[4].

5. Possessivsuffixe am Nomen:

a) Das *k* im Suffix 2. m. pl. ‐ክሙ ፡ ist immer — auch nach »langen« Vokalen — verdoppelt; z. B. ብእሲክሙ ፡ *bə'əsikkə́mŭ̈* »euer Mann«, ለክሙ ፡ *lạkkə́mŭ̈* »euch«, ብክሙ ፡ *bəkkə́mŭ̈* »in euch«[5].

---

[1] Die Aussprache Ato Tafaris አእመርናክሙ ፡ mit doppeltem *k*, die Cohen S. 261 mit den Worten »qui est sans doute une faute« wiedergibt, ist also die richtige. — Nach *ū* hat auch Cohen, S. 262, meist die Verdoppelung des *k*. Die daselbst aufgeführten Formen mit einfachem *k* (nach Abba Jérôme und Takla Marjams *Fəṭ'ūn mạlmạdị̈ē* S. 29) bezeichnet Blatta Heruï als falsch. — Littmann II. S. 695 f. hat nach den langen Vokalen immer einfaches *k*.

[2] Über die Personalendung der 2. f. pl. des Perfekts ‐ክን s. oben S. 23.

[3] Das Nähere über die Aussprache aller dieser Formen siehe Abschnitt V, S. 45.

[4] Bisher sind diese beiden Formen immer mit einfachem *t* wiedergegeben, s. Abschnitt V, Seite 47.

[5] So auch Cohen S. 263 f. — Die daselbst aus dem *Fəṭ'ūn mạlmạdị̈ē* S. 26 und 28 angeführten Formen ትፍሥሕትክሙ ፡ und ኃጢአትክሙ ፡ (beidemal

b) Für das *k* im Suffix 2. f. pl. ‑ክን፡ gilt das gleiche, nur daß hier die Verdoppelung nur üblich, nicht notwendig ist und manche dieses *k* einfach — aber lang — sprechen; z. B. ብእሲክን፡ *bəʾəsik(k)ə́n* »euer (f.) Mann«; ለክን፡ *lạk(k)ə́n* »euch (f.)«; ብክን፡ *bək(k)ə́n* »in euch (f.)« [1].

6. Das *t* der Endungen ቱ und ቲ bei der Anhängung der Suffixe an ለ und በ wird doppelt gesprochen; z. B. ሎቱ፡ *lʷòttú* »ihm«; ላቲ፡ *làttí* »ihr«; s. das Nähere Abschnitt V, Seite 49.

C. Nominalformen.

Für die Nominalformen kann man im allgemeinen die Regel aufstellen, daß diejenigen Nomina, die zu dem 1. und 3. Stamm, also zu I. 1, I. 3; II. 1, II. 3; III. 1, III. 3; IV. 1, IV. 3 gehören, keine Lautverdoppelung aufweisen, während bei den zu den Steigerungsstämmen, also zu I. 2, II. 2, III. 2 und IV. 2 gehörenden Nomina der zweite Radikal verdoppelt ist. Doch gilt diese Regel nicht ausnahmslos. Die Verdoppelung des zweiten Radikals kommt vielmehr bei Nomina vor, von deren entsprechenden Verben ein Steigerungsstamm nicht belegt ist — siehe z. B. 2. b), Absatz 2 — und umgekehrt wird der zweite Radikal auch in solchen Nomina, von deren Verben wir nur Steigerungsstämme kennen, einfach gesprochen. So ist z. B. ፈነወ፡ I. 1 nicht belegt, sondern nur I. 2 [2] in der Bedeutung »schicken«. Die Substantive ፍና፡ »Richtung, Weg« und ፍኖት፡ »Weg« werden aber mit einfachem *n* *fənā́* bzw. *fənʷṓt* gesprochen. Freilich sprechen manche, wie mir Aleka Taje berichtete, in der Tat mit Verdoppelung *fənnā́* und *fənnʷṓt*. — Im einzelnen sei bemerkt [3]:

1. Infinitive und Gerundia:

Der mittlere Radikal wird, der obigen Regel gemäß, im 1. und 3. Stamm aller vier Konjugationsreihen einfach, bei den vier Steigerungs-

ohne Verdoppelungszeichen auf dem *k*) beruhen nach Blatta Heruī anf Versehen Takla Marjams. Bei diesem Suffix sei die Verdoppelung allgemein; vgl. weiter unten Seite 47.

[1] Siehe weiter unten Seite 32 und 47.

[2] Daneben allerdings auch III. 3 ተፋነወ፡ und IV. 3 አስተፋነወ፡

[3] Hier und in den nächsten Abschnitten folge ich möglichst der Anordnung in Praetorius' Grammatik. — Nominalformen, bei denen keine Verdoppelung vorkommt, (wie *fạ́ʿl* [über በግዕ፡ »Schaf« siehe Abschnitt X. S. 116], *fə́ʿl*, *fəʿlạ́t*, *fəʿạ́l*, *fəʿúl*, *fạʿạ́l*, *fā́ʿəl*, *fạʿúl*, *fəʿíl* usw.) berücksichtige ich in diesem Abschnitt — mit Ausnahme von 8 — nicht, ebensowenig die Verdoppelung in Substantiven wie ገነት፡ *gạnnạ́t* »Garten«, ስደት፡ *səddạ́t* »Vertreibung« und sonstigen Nominalformen von Stämmen mediae geminatae.

stämmen doppelt gesprochen; z. B. Infinitive: I. 1 ቀቲል ፡ *ḳ'a̤tíl* oder ቀቲሎት ፡ *ḳ'a̤tĭlᵘṓt*; II. 1 አፍቅሮ ፡ *'afḳ'ərᵘṓ* oder አፍቅሮት ፡ *'afḳ'ərᵘṓt*; III. 3 ተከፍሎ ፡ *ta̤kåfəlᵘṓ* oder ተከፍሎት ፡ *ta̤kåfəlᵘṓt*. — Hingegen: I. 2 ፈጽሞ ፡ *fa̤ṣṣ'əmᵘṓ* oder ፈጽሞት ፡ *fa̤ṣṣ'əmᵘṓt*; III. 2 ተወከሎ ፡ *ta̤u̯åkkəlᵘṓ* oder ተወከሎት ፡ *ta̤u̯åkkəlᵘṓt*. — Gerundia: I. 1 ቀቲሎ ፡ *ḳ'a̤tĭlᵘṓ* »indem er tötet«; ቀቲላ ፡ *ḳ'a̤tĭlắ* »indem sie tötet« usw. — Hingegen: I. 2 ፈጺሞ ፡ *fa̤ṣṣ'ĭmᵘṓ* »indem er vollendet«; ፈጺማ ፡ *fa̤ṣṣ'ĭmắ* »indem sie vollendet« usw.

2. *fəʿūl* und *fəʿʿūl*[1]:

a) einfach: ምሉእ ፡ *məlū́*(') »voll«; ክቡድ ፡ *kəb̄ū́d* »schwer«; ፍጡር ፡ *fəṭ'ū́r* »geschaffen«; ሥቡሕ ፡ *səb̄ū́h* »fett«; ቡሩክ ፡ *bŭrū́k* »gesegnet«; ሙቁሕ ፡ *mŭḳ'ū́h* »gefesselt«;

b) verdoppelt: ሀልው ፡ *həllᵊu̯* oder *həllū́*[2] »seiend« (von ሀለወ ፡ I. 2); ፍጹም ፡ *fəṣṣ'ū́m* »vollendet« (von ፈጸመ ፡ I. 2); እሙር ፡ »bekannt, berühmt« (zu አመረ ፡ I. 2)[3]; ውኩል ፡ *u̯əkkū́l* »zuverlässig« (von ተወከለ ፡ III. 2). — Die Zahladjektive ሥሉስ ፡ *səllū́s* »dreifach, dreibuchstabig«, ስቡዕ ፡ *səbbū́*(') »siebenfach, siebenbuchstabig« gehören zu ሠለሰ ፡ I. 2 nnd ሰብዐ ፡ I. 2. Man vergleiche arabische Formen wie مُثَلَّث usw.

Aber auch: እኩይ ፡ *'əkkū́i̯* »schlecht« (Fem. እኪት ፡ *'əkkít*) von አከየ ፡ I. 1 (die Verdoppelung beruht vielleicht auf Angleichung an ሠናይ ፡ *sa̤nnắi̯* »gut«); እቱት ፡ *'əttū́t*[2] »entfernt« (von አተተ ፡ I. 1)[4].

3. *fa̤ʿīl* und *fa̤ʿʿīl*:

a) meist zum 1. Stamme gehörig, daher mit einfachem mittleren Radikal; z. B. ጠቢብ ፡ *ṭ'a̤b̄íb̄* »weise«; ዐቢይ ፡ *'ằb̄íi̯* »groß«; ቀይሕ ፡ *ḳ'a̤i̯íh* »rot«;

b) mit verdoppeltem mittleren Radikal, z. B. ሐዲስ ፡ *haddís* »neu«[5]; vgl. I. 2 ሐደሰ ፡.

Das Femininum zu *faʿīl* wird in den Grammatiken als *faʿāl* von *faʿʿāl* = قَتَّال unterschieden[6]. Für die traditionelle Aussprache trifft das nicht zu; s. unter 4 b α.

---

[1] Vgl. Cohen S. 255 f.

[2] Vgl. Abschnitt X, S. 108.

[3] Das Fehlen eines Verdoppelungszeichens bei diesem Wort in Takla Marjams *Fəṭūn ma̤lma̤dīē* S. 31 (vgl. Littmann III. S 326 und Cohen S. 255, Anm. 2) beruht nach Blatta Heruī auf einem Versehen.

[4] Zu ድልው ፡, Fem. ድሉት ፡ vgl. weiter unten S. 80, Anm. 1.

[5] So auch Takla Marjam a. a. O. S. 22.

[6] Vgl. Praetorius § 104 (Deutsche Ausgabe S. 92); Dillmann § 129, S. 250.

4. *fa'āl* und *fa''āl*.

a) einfach: ገዳም ፡ *gadām* »Feld«; ቀላይ ፡ *k̇alāi̯* »Abgrund«; ሰማይ ፡ *samāi̯* »Himmel«. — Ebenso ተባዕ ፡ *tabā(')* »männlich«[1], Fem. ተባዕት ፡ *tabā't*;

b) verdoppelt:

α) Feminin zu *fa'īl*: zu ጠቢብ ፡ *ṭ'abīb* »weise« ጠባብ ፡ *ṭ'abbāb*, zu ዐቢይ ፡ *'ābīi̯* »groß« ዐባይ ፡ *'abbāi̯*:

β) = فَعَّال: አጋር ፡ *'aggār* »Fußgänger«; ሠናይ ፡ *sannāi̯* »schön«; ገባር ፡ *gabbār* »Arbeiter«. So wird auch አዳም ፡ als Eigenname »Adam« allgemein *'addām*[2] gesprochen, genau so wie in der adjektivischen Bedeutung »angenehm«; ebenso ሠላስ ፡ »drei« *sallās*[3].

5. *məf'āl* und *məfə''āl*:

a) einfach: ምሥራቅ ፡ *məsrāk̇* »Osten«; ምሥያጥ ፡ *məsi̯āṭ'* »Markt«; ምግባር ፡ *məgbār* »Handlungsweise«;

b) verdoppelt: ምእላድ ፡ *mə'əllād* »receptaculum« zu አለደ ፡ I. 2 (vgl. weiter unten S. 81 die Bemerkung zu Gen. Kap. 1, Vers 9); ምኩናን ፡ *məkunnān* »Gerichtsort« zu ኰነነ ፡ I. 2[4].

6. Partizipien mit vorgesetztem *ma*:

a) einfach: መስፍን ፡ *masfən* »Fürst« (zu I. 1); መድኅን ፡ *madḫən* »Erlöser« (zu II. 1);

b) verdoppelt: መኰንን ፡ *mak^uənnən* »Richter«; መፈውስ ፡ *mafauuəs* »Arzt« (beide zu I. 2)[5].

7. *fa'āli* und *fa''ālī*:

a) einfach: ቀዳሚ ፡ *k̇adāmī* »der erste«; ፈጣሪ ፡ *faṭ'ārī*[6] »Schöpfer«; ሐራሲ ፡ *ḥarāsī*[6] »Pflüger«; ተካሊ ፡ *takālī* »Gärtner«; አንባቢ ፡ *'anbābī* »Leser«[7];

---

[1] Dies wird von Dillmann, § 110, S. 207 wohl mit Recht als Form فَعَّال aufgefaßt. Die äthiopische Tradition denkt aber an eine Form *fa'āl* oder *fa'āl* (*ā* für *a* wegen des Laryngals). Das dazugehörige Verbum kommt nur im 1. und 3. Stamm vor.

[2] [Vgl. jetzt auch Cohen Journal asiatique, Comptes rendus, Avril-Juin 1925, S. 347]. — Auch im Tigrē lautet እዳም ፡ »Mensch« *'addām*; siehe Littmann, Tigrē-Erzählungen, ZDMG. Bd. 65 (1911), S. 706.

[3] Es wird also heute *fa'āl* 〉 *fa''āl* und umgekehrt *fa''āl* 〉 *fa'āl*.

[4] Cohen, S. 255, nach Ato Tafari ምእማር ፡ »moyen de connaissance«. Auch Blatta Ḥeruī sprach dieses Wort *mə'əmmār*.

[5] Wenn መምሀር ፡ »Lehrer«, obwohl zu I. 2 gehörig, mit einfachem *h*, also *mamhər* gesprochen wird, so liegt das an dem Laryngal; siehe oben Seite 19.

[6] So Blatta Ḥeruī, der die von Trumpp S. 531 bzw. 539 für diese beiden Worte gegebene Aussprache mit doppeltem *ṭ'* bzw. *r* als falsch bezeichnete.

[7] Dillmann, Grammatik, § 117, S. 223 legt nach Trumpps Vorgang hier immer *fa''āl* zugrunde.

b) verdoppelt: ሐሳዊ ፡ *hassäu̯i* »Lügner«[1] (zu I. 2); ሰያፊ ፡ *saiiāfi* »Schwertträger« (zu I. 2); ተወካሊ ፡ *tau̯äkkäli* »Vertrauender« (zu III. 2)[2].

8. *taf'āl, təf'āl, təf'əlt.*

Alle diese Nomina werden, auch wenn zu Steigerungsstämmen gehörig, immer mit einfachem mittleren Radikal gesprochen; z. B. ተግሣጽ ፡ *tagsāṣ'* »Züchtigung« (zu ገሠጸ ፡ I. 2); ትእዛዝ ፡ *tə'zāz* »Befehl« (zu አዘዘ ፡ I. 2); ትፍሥሕት ፡ *təfsəḥt* »Freude« (zu ተፈሥሐ ፡ III. 2).

9. *fa'alā* und *fa''alā* (bzw. *fə''əlā*):

a) einfach: ደመና ፡ *damanā* »Wolke«; ነከራ ፡ *nakarā* »Wunder«; — aber auch: አበሳ ፡ *'äbasā* »Sünde« (obwohl zu I. 2 gehörig)

b) verdoppelt: ቀበላ ፡ *k'abbalā* »Begegnung«; ፍሥሓ ፡ *fəssəḥā* »Freude« (beide zu III. 2 gehörig)[3].

10. *fə'ālē* und *fə''ālē*:

a) einfach: ቡራኬ ፡ *būrākiē* »Segen« (zu I. 3); ጉባኤ ፡ *gūbā'ē* »Versammlung« (zu III. 3)

b) verdoppelt: ሀላዌ ፡ *həllāu̯iē* τὸ εἶναι; ለባዌ ፡ *ləbbāu̯iē* »Einsicht«[4]; ፍጻሜ ፡ *fəṣṣ'āmiē* »Beendigung«; ውዳሴ ፡ *u̯əddāsiē* »Lobpreisung« (durchweg zu Steigerungsstämmen gehörig).

11. *fə'lənnā*:

Das *n* der Abstrakta bildenden Endung ና wird doppelt gesprochen; z. B. ቅድስና ፡ *k'ədsənnā* »Heiligkeit«; ፍድፍድና ፡ *fədfədənnā* »Überfluß«; ትንብልና ፡ *tənbələnnā* »legatio, intercessio«[5].

Von den »gebrochenen Pluralen« wird der mittlere Radikal in der Form

12. *fa'alt* und *fa''alt*:

a) einfach gesprochen, wie z. B. ነገሥት ፡ *nagāst* »Könige« (von ንጉሥ ፡ *nəgūs*); መሠጥ ፡ *masātt'* »Räuberische« (von መሣጢ ፡ *masāṭ'i*),

b) verdoppelt; z. B. ዐበይት ፡ *'abbāit*[6] »Große« (zu ዐቢይ ፡ *'äbīi*); ጠበብት ፡ *ṭ'abbābt*[7] »Weise« (zu ጠቢብ ፡ *ṭ'ābīb*).

---

[1] So auch Takla Marjam, *Fəṭ'ūn malmadiē* S. 27.

[2] Weitere Beispiele bei Cohen S. 255.

[3] Bei Trumpp S. 536 lauten die obigen Formen vielfach anders.

[4] Vgl. Cohen S. 255.

[5] So auch Takla Marjam, *Fəṭ'ūn malmadiē* S. 20, vgl. Littmann III. S. 327.

[6] Vgl. Gen. 1. 16 (weiter unten S. 82).

[7] Diese Form so auch bei Cohen S. 267, nach Abba Jérôme; anders Littmann II. Seite 698.

D. Zahlwörter.

Unter den Zahlwörtern werden mit Lautverdoppelung gesprochen:

1. ሠላስ፡ *sallās* »drei«; vgl. oben Seite 28.

2. ስሱ፡ *səssū* »sechs« (weil aus **sədsū* entstanden).

3. Über ሥሉስ፡ *səllūs*, ስቡዕ፡ *səbbū(ʿ)* siehe oben unter C. 2. b). — ክዑብ፡ »doppelt« lautet wegen des Laryngals *kəʿūb*.

E. Präpositionen.

1. Über die Verdoppelung des *t* in den Endungen ቱ und ቲ bei der Anhängung der Suffixe an die Präpositionen ለ und በ siehe oben Seite 26 (B. 6).

2. Werden die Präpositionen ለ, በ und ዘ zum Ausdruck des distributiven Verhältnisses doppelt gesetzt, so wird das *l*, *b*, *z* geminiert; z. B. ሲሳይ፡ ዘለለ፡ዕለት፡ *sīsāį zallalla‿ʾəlat* »die tägliche Nahrung«; ዘበበዘመዱ፡ *zabbabbazamadū* »welches je nach seiner Art [ist]«. — Im Anlaut mit einfachem *l*, *b*, *z*: *lalla* bzw. *babba* und *zazza*; siehe oben Seite 12.

3. እምነ፡ *ʾəmənna* »von«. Wie bereits oben, Seite 23, Anm. 2, bemerkt, glaubte ich von Aleka Taje *ʾəmna* gehört zu haben[1]. Nachdem mir aber Blatta Heruï erklärt hatte, daß *ʾəmənna* die allgemeine korrekte Aussprache sei[2], habe ich angenommen, daß jene falsche Niederschrift auf einem Hörfehler meinerseits beruht habe. Das hat sich auch auf Anfrage bestätigt. Ein Hörfehler ist bei diesem Worte um so eher möglich, als es drucklos in rascher Verbindung mit dem folgenden Worte gesprochen wird; z. B. እምነ፡መሬት፡ *ʾəmənna‿marīēt* »aus Staub«.

F. Adverbia.

Mit Lautdoppelung werden gesprochen:

1. አኮ፡ *ʾakkʷō* »nicht«[3];

2. das enklitische -መ zur Hervorhebung einzelner Worte; z. B. ወሠልሰመ፡ ፈጠረ፡ ንስቲተ፡ ማየ፡ *yasəlsamma faṭʾara nəstīta māįa* »und drittens schuf er ein wenig Wasser«;

3. ሕቀ፡ *həkkʾa* »ein wenig«; 4. ጥቀ፡ *ṭəkkʾa* »sehr«[4];

5. እወ፡ *ʾəyya* »ja, freilich«.

---

[1] Vgl. Littmann II. Seite 701.

[2] So auch bei Takla Marjam; z. B. zu wiederholten Malen *Fəṭʾūn malmadīē* S. 20.

[3] So auch häufig bei Takla Marjam.

[4] So auch Takla Marjam *Mamhər*, S. 25.

G. Konjunktionen.

Geminiert werden:

1. das *s* in dem häufigen enklitischen ¯ስ »aber«[1]; z. B. ወምድርስ ፡ *u̯ạmə̀drᵊssạ́* »die Erde aber«;

2. das *m* in እመ ፡ »wenn«; z. B. እመ ፡ ዐቀቡ ፡ *'əmmạ‿'ăḳ'ặbŭ* »wenn sie es beobachteten«[2].

* * *

Konsonantenlänge liegt nach Blatta Heruï vor und war in seiner Aussprache tatsächlich zu beobachten:

in allen vokalisch auslautenden Formen des Imperfekts, sowohl im Indikativ als auch im Subjunktiv-Jussiv, sowie des Imperativs beim dritten Radikal (bzw. bei den Mehrradikaligen beim letzten Radikal).

Ich habe sie im weiteren Verlauf in den Tabellen und in den phonetisch umschriebenen Texten unbezeichnet gelassen und mache sie nur an dieser Stelle durch einen über den Buchstaben gesetzten kleinen wagerechten Strich kenntlich. Es lautet also:

ትነግሪ ፡	»du (f.) redest«	*tənạggə́r̄ĭ*
ይነግሩ ፡	»sie (m.) reden«	*i̯ᵊnạggə́r̄ŭ*
ይነግራ ፡	»sie (f.) reden«	*i̯ᵊnạggə́r̄ă*
ትነግሩ ፡	»ihr (m.) redet«	*tənạggə́r̄ŭ*
ትነግራ ፡	»ihr (f.) redet«	*tənạggə́r̄ă*
ትንግሪ ፡	»du (f.) sollst reden«	*təngə́r̄ĭ*
ይንግሩ ፡	»sie (m.) sollen reden«	*i̯əngə́r̄ŭ*
ይንግራ ፡	»sie (f.) sollen reden«	*i̯əngə́r̄ă*
ትንግሩ ፡	»ihr (m.) sollt reden«	*təngə́r̄ŭ*
ትንግራ ፡	»ihr (f.) sollt reden«	*təngə́r̄ă*
ንግሪ ፡	»rede (f.)«	*nəgə́r̄ĭ*
ንግሩ ፡	»redet (m.)«	*nəg r̄ŭ*
ንግራ ፡	»redet (f.)«	*nəgə́r̄ă*

Ebenso liegt in manchen Fällen, in denen die einen mit Lautverdoppelung, andere ohne eine solche sprechen, in der Aussprache der letzteren eine Lautverlängerung vor; z. B. bei dem Suffix der 2. f. pl. Eine

[1] Ebenso bei Takla Marjam, z. B. *Mạmhər* S. 19; bei Littmann I zuweilen mit einfachem *s*, z. B. S. 635, Psalm 1.5.

[2] Auch bei Takla Marjam häufig mit Verdoppelungszeichen auf dem *m*.

Form wie ጽጌክን ፡ »eure (f.) Blume« wird von den einen *ṣ̓əgⁱekkə́n*, von den anderen wie *ṣ̓egⁱĕk̄ə́n* gesprochen (s. weiter unten Seite 47 Anm. 5), eine Form wie ይነግረክን ፡ »er redet mit euch (f.)« von den einen *ịᵊnaggə-arkkə́n*, von den anderen wie *ịᵊnaggərak̄ə́n*.

IV.

Der Akzent.

Fast noch mehr als in bezug auf die Konsonantenverdoppelung schwanken in den bisherigen Bearbeitungen der äthiopischen Aussprache die Angaben über den Akzent. Die Regeln, die Trumpp in seiner bereits erwähnten Abhandlung[1] für den Akzent aufstellt, halten, wie wir sehen werden, einer Nachprüfung nicht stand. Aber auch sonst lauten die Angaben über den Akzent recht verschieden. Um ein paar Beispiele vorwegzunehmen, hat das Wort ሰንበት ፡ »Sabbat« in der phonetischen Wiedergabe des Markus-Evangeliums bei Littmann I den Akzent bald auf der vorletzten Silbe (z. B. S. 671, Mc. 2.23, *basánƀat*; S. 662, Mc. 2.28, *lasánbat*), bald auf der letzten (z. B. S. 662, Mc. 3.2, *basanƀát*; S. 661, Mc. 2.24, *basànƀát*); — das Wort ከመዝ ፡ »so« lautet bald *kamazə́* (z. B. S. 670 Mc. 4.40), bald *kamázə̀* (z. B. S. 658, Mc 1.42), bald *kamázə* (z. B. S. 659, Mc. 2.7.8); — das Wort ሀየ ፡ »dort« bald *hə́ya* (z. B. S. 660, Mc. 2.14), bald *həyá* (z. B. S. 662, Mc. 3.1). Ebenso wird in der Wiedergabe der Psalmen das Wort ዐመፃ ፡ »Ungerechtigkeit, Unredlichkeit« bald *'āmáṣā* umschrieben (z. B. S. 639, Psalm 5.5), bald *'āmaṣā́* (z. B. im folgenden Verse, 5.6, S. 640, ebenso S. 642 [7.3] und 644 [7.15]). Bei all den genannten Umschriften wird die Aussprache eines und desselben Gewährsmannes, Gabra Mikaël, wiedergegeben (siehe oben Seite 5). Meine Gewährsmänner sprachen diese Worte immer: *sanƀát*; *kamazə́*; *həịá*; *'ămaṣ̓ā́*.

Wird ein Wort für sich gesprochen, so scheint es manchmal, als ob alle seine Silben, besonders aber die beiden letzten, in gleicher Weise den Akzent tragen. Im Zusammenhang des Satzes aber, besonders wenn schnell gesprochen oder gelesen wird, haben alle Worte eine für sie charakteristische Drucksilbe.

Ein beliebtes Beispiel, das die Abessinier selbst für die Wichtigkeit der richtigen Akzentuierung geben, ist das folgende: ይነግራ ፡ bedeutet in der Aussprache *ịᵊnaggə́rā* »sie (f. pl.) reden«, mit dem Druck auf der Ultima

[1] Siehe oben S. 2, Anm. 1.

hingegen *ịənạggərá* »er redet mit ihr«. Das meint auch Takla Marjam[1] mit den Worten: »Und es gibt auch [die Formen] *təhᵘobbərā́* usw. [neben den Formen *təhᵘobbə́rā̆* usw.]«. Damit will er ein Beispiel für die eben besprochene Unterscheidung geben, aber nicht für verschiedene Schulüberlieferungen in bezug auf die Akzentuierung der bloßen Imperfektform (ohne Suffix), wie Littmann[2] annimmt.

Unter dem Akzent ist im folgenden immer der exspiratorische oder emphatische Akzent, auch Druck genannt, zu verstehen. Neben ihm spielt der musikalische oder tonische Akzent in der gewöhnlichen Rede oder beim Lesen eine untergeordnete Rolle. Auch im Äthiopischen richtet sich, ähnlich wie im Deutschen, »die Tonhöhe mehr oder weniger nach der Stärke«[3]. Der musikalische Akzent macht sich in einer besonderen Tonhöhe im Fragesatz und bei den Zahlwörtern bemerkbar. Die letzteren werden, wie meine Gewährsmänner sich ausdrückten, »in der Endsilbe singend gesprochen«, und ihre Aussprache hat das bestätigt. Aber auch bei den Zahlwörtern und im Fragesatz fällt die Tonhöhe mit dem Druck zusammen, da, wie wir sehen werden, bei den Zahlwörtern die letzte Silbe auch die Drucksilbe ist und die angehängte Fragepartikel *-nū́* ebenfalls den Druck hat.

Die Abessinier unterscheiden drei Arten des Lesens:

1. **ቍጥር ፡** wörtlich »Zahl«. Hierbei wird Silbe für Silbe für sich gelesen. Sie kommt im wesentlichen nur bei Schülern vor, wenn sie mit dem äthiopischen Unterricht beginnen. — Ein Beispiel siehe oben S. 16[4].

2. **ግዕዝ ፡** wörtlich »Weise«. Auch hier wird, wenn auch etwas rascher als bei der ersten Art, doch noch Wort für Wort, ja vielfach noch Silbe für Silbe gelesen.

3. **ንባብ ፡** das eigentliche »Lesen«. — Von diesem in verhältnismäßig schnellem Tempo erfolgenden Lesen und den bei ihm sich auswirkenden Akzentverhältnissen ist im folgenden immer die Rede[5].

---

[1] *Mạmhər* S. 16, Anm. 1.

[2] III. S. 322 und 333, Anm. 1.

[3] Vgl. Sievers, Phonetik, 34,1 (3. Auflage S. 215).

[4] Vgl. das für den Leseunterricht bestimmte Kapitel **ኈልቍ ፡ ወአኅብር ፡** »Zähle und verbinde!« in Takla Marjams *Fəṭ'ūn mạlmạdiē* S. 16—22. Es beginnt mit kurzen Worten, wie S. 16: *bī-ṣ' bíṣ'* und behandelt dann immer längere Worte, wie z. B. S. 21: *'ā-s-tạ-ụā-dạ-dạ 'astạụādā́dạ*; *mạ-s-tạ-ṣ'ā-mə-r mạstạṣ'ā̆mə́r*.

[5] Takla Marjam unterscheidet im *Fəṭ'ūn mạlmạdiē* S. 25 die beiden letzten Arten ebenso als **አግዕዝ ፡** und **ንባብ ፡**

Anders verhält sich der Akzent zum Teil beim ዜማ ፡ *ziemā*, dem liturgischen Gesang. Mit den Feinheiten des *ziemā* sind nur wenige Abessinier vertraut[1]. Meine beiden Gewährsmänner bekannten, sich mit ihm zu wenig beschäftigt zu haben, als daß sie mir über ihn Auskunft geben könnten.

Takla Marjam hat in seinen beiden schon öfter angeführten äthiopischen Büchlein drei Akzentzeichen eingeführt, nämlich አልዕል ፡ *'āl'əl* »erhebe«, ⏗ (auf dem ersten Buchstaben), አንኅ ፡ *'ānəh* »erhöhe, verlängere«, ⏗ (auf einem mittleren Buchstaben), und አጽንን ፡ *'āṣ'nən* »neige«, ⏗ (auf dem letzten Buchstaben). Diese Unterscheidung nach den Buchstaben ist rein äußerlich[2]. Soweit er mit diesen Akzentzeichen, besonders dem mittleren, auch die Stimmhöhe bezeichnen will, trifft das, wie Blatta Heruï versichert, nicht für die Prosalektüre, sondern nur für den *ziemā* zu[3].

Im Äthiopischen hat immer entweder die vorletzte oder die letzte Silbe den Druck. Von einem Worte, das ihn auf der vorletzten hat, sagt man mit einer amharischen Bezeichnung: ይነሣል ፡ wörtlich »es erhebt sich«[4], von einem, das den Druck auf der letzten hat: ይወድቃል ፡ wörtlich »es fällt«[5]. Demgemäß wird ein auf der vorletzten akzentuiertes Wort als ተነሽ ፡[6], eines, das den Druck auf der letzten hat, als ወዳቂ ፡ bezeichnet. Liest der abessinische Schüler falsch und verlegt bei einem auf der Pänultima zu akzentuierenden Worte den Druck auf die letzte Silbe, so verbessert ihn der Lehrer mit dem Zuruf አንሣ ፡ wörtlich »hebe«! Im umgekehrten Falle sagt er ihm አትንሣ ፡ »hebe nicht!«[7].

Die drittletzte oder eine noch frühere Silbe haben im Äthiopischen niemals den Druck. Eine Aussprache wie አመንደበ ፡ *amándaba* bei Ludolf,

---

[1] Auch bei ihm werden verschiedene Weisen unterschieden, von denen die erste den Namen ግዕዝ ፡ hat; siehe Dillmann, Lexikon, col. 1189.

[2] Siehe Littmann II. S. 701 und Littmann III. S. 318.

[3] Siehe übrigens die Schlußbemerkung Takla Marjams, *Məmhər* S. 37 und Littmann III. S. 339.

[4] Guidi, Vocabolario col. 380, gibt für ተነሣ ፡ die ungenaue Bedeutung: »esser pronunciato con accento (sillaba)«. Das ist nur mit der Einschränkung auf die Pänultima richtig.

[5] Auf die Ähnlichkeit der Bezeichnung mit Hebräisch מלעיל und מלרע hat schon Littmann III. S. 318, Anm. 2, hingewiesen.

[6] So, nicht ታናሽ ፡ (von አነሰ ፡), wie Guidi, col. 460, für »che non è ossitono« angibt.

[7] Die Bedeutung »auf der vorletzten Silbe akzentuieren« ist bei Guidi, s. v. አነሣ ፡, col. 380, nachzutragen.

መዋዕለ ፡ *mavā-ʿəla* (»Tage« Akk.) bei Trumpp (S. 521) oder ትንሣእ ፡ *tánsəʾa* bei Littmann I. S. 658 habe ich niemals beobachtet. Vielmehr lauteten diese Worte immer *ʾămạndą́ba̤;* *ma̤u̯ăʾə̀la̤;* *tạnsə̀ʾă* [1].

Neben dem Hauptdruck, der, wie gesagt, nur die letzte oder vorletzte Silbe treffen kann, haben manche Worte, besonders längere, auch noch einen Neben- oder Gegendruck. Das ist — abgesehen von einigen wenigen hier nicht näher zu betrachtenden Formen — gewöhnlich dann der Fall, wenn in einem längeren Worte in einer der Drucksilbe vorangehenden Silbe auf einen langen — manchmal auch auf einen kurzen — Vokal zwei Konsonanten oder ein Doppelkonsonant folgen, z. B. unter den Pronomina እሎንቱ ፡ *ʾəllᵘòntú;* እሙንቱ ፡ *ʾəmùntú;* ዛቲ ፡ *zàttí;* ebenso ባቲ ፡ »in ihr« *bàttí;* unter den Verbalformen: አስተንፈሰ ፡ *ʾàstạnfą́sạ;* ያስተነፍስ ፡ *i̯àstạną́ffəs* usw. — Ebenso: wenn mehrere lange Vokale aufeinander folgen; z. B. ዜማ ፡ *ziè̀mā́;* — besonders in einem längeren, Einheitsdruck tragenden Komplex, z. B. ኖላዌ ፡ አባግዕ ፡ *nᵘòlău̯iĕ‿ʾăbăgə́(ʿ)* (Gen. 4. 2).

Tritt an ein Wort ein enklitisches Wörtchen, das den Druck an sich zieht, so hat die ursprüngliche Drucksilbe des ersten Wortes entweder den Nebendruck [2] oder sie wird drucklos gesprochen.

Hierbei herrscht keine vollkommene Gleichmäßigkeit. Vielmehr ist der Nebendruck abhängig von dem rascheren oder weniger raschen Tempo, in dem gelesen wird. Wird langsamer gelesen, so macht sich der Gegendruck mehr geltend, als wenn schneller gelesen wird. Beim schnellen Lesen lauten die genannten Formen vielfach wie *ʾəllᵘontú;* *ʾəmuntú;* *zattí;* *battí;* *ʾastạnfą́sạ;* *i̯astạną́ffəs.*

Viele Wörter werden überhaupt drucklos gesprochen, indem sie in rascher Verbindung mit einem folgenden Wort gleichsam wie ein Wort gesprochen werden (in meiner Umschrift immer mit -‿- bezeichnet), so:

1. jedes Regens in der Status-constructus-Verbindung, z. B. ነቅዐ ፡ ማይ ፡ »Quelle von Wasser« (Gen. 2. 6) *nạḳʾă‿mā́i̯.*

2. die Relativpronomina, z. B. እለ ፡ ጼወዉነ ፡ »die uns in die Gefangenschaft führten« (Psalm 136. 3) *ʾəllạ‿ṣ̣ʾiĕu̯ạu̯ū́nạ.*

---

[1] Auch bei Takla Marjam hat immer die vorletzte oder letzte Silbe den Akzent. Wenn er *Fəṭʾūn mạlmạdiē* S. 27 bei ክዕበ ፡ »wiederum« den Akzent über das ክ setzt, so ist das nur scheinbar eine Ausnahme. Er spricht das Wort sicherlich *kā́ʾə̆ba̤*. Es liegt also hier der umgekehrte Fall vor wie weiter unten Seite 39.

[2] Takla Marjam bezeichnet in solchen Fällen den Nebendruck durch das gleiche Akzentzeichen, das er auch für den Hauptdruck verwendet.

3. Präpositionen und Konjunktionen, z. B. ዲበ ፡ ምድር ፡ »auf der Erde« (Gen. 1.11) *dĭ̈ƀa̤‿mə́dr̥*; ከመ ፡ ያብርሁ ፡ »damit sie leuchten« (Gen. 1.17) *ka̤ma̤‿i̯aƀrə́hŭ̈*.

Hierbei kann in der Status-constructus-Verbindung und bei den Präpositionen, aber nicht bei den Relativpronomina und Konjunktionen die Silbe des ersten Wortes, die den Druck hätte, wenn das Wort für sich gesprochen würde, den Gegendruck haben, z. B. *nа̤̀ḳ'ă‿mā́i̯*; *dìƀa̤‿mə́dr̥*. Auch das hängt von dem Tempo, in dem gelesen wird, ab. Mitunter hat, besonders in einem längeren Komplex, auch eine frühere Silbe des ersten Wortes den Nebendruck; z. B. ማእከለ ፡ ብርሃን ፡ »zwischen dem Licht« (Gen. 1.4) *mа̤̀ikа̤lа̤‿ƀərhā́n*; መስተገብረ ፡ ምድር ፡ »Bearbeiter der Erde« (Gen. 4.2) *mа̤̀sta̤ga̤ƀra̤‿mə́dr̥*.

Manchmal werden nicht nur zwei, sondern drei und mehr Worte in einer so engen Verbindung gesprochen, daß nur das letzte einen eigenen Druck hat; z. B. dreifach: ወእምነ ፡ ፍሬ ፡ ዕፅሰ ፡ »und von der Frucht des Baumes aber« (Gen. 3.3) *u̯a̤'əmənna̤‿fəri̯ĕ‿'əṣ'əssá̤*[1]; vierfach: ከመ ፡ አመ ፡ ዕለተ ፡ ትበልዑ ፡ »denn am Tage, da ihr essen werdet« (Gen. 3.5) *ka̤ma̤‿'ăma̤‿'əlа̤̀ta̤‿təƀa̤llə́'ŭ̈*.

Von einem Worte, das in rascher Verbindung mit dem folgenden drucklos gesprochen wird, sagt man heute mit einer amharischen Wendung ይናበባል ፡ »es wird zusammen gelesen«[2] und bezeichnet es demgemäß als ተናበቢ ፡. Liest ein Schüler beim Unterricht falsch und gibt einem solchen Worte einen eigenen Druck, so verbessert ihn der Lehrer mit dem Worte አናብብ ፡ *'ănāƀƀ*[3], d. i. »lies zusammen, lies mit Einheitsdruck!«[4].

Der Druck ist im Äthiopischen fast nie physiologisch, vielmehr fast durchweg traditionell oder psychologisch bedingt[5]. So ist es zu

[1] Ein Beispiel von drei Worten mit Einheitsdruck findet sich auch bei Takla Marjam, *Fəṭ'ūn ma̤lma̤dĭē* S. 30.

[2] Takla Marjam, *Ma̤mhər* S. 24 äthiopisch: ተናብበ ፡.

[3] Da das zweite ብ nicht gelesen wird, bezeichnet man das Wort አናብብ ፡ als ቀቀ ፡ (siehe oben S. 13).

[4] Die Bedeutung, die Guidi, Vocabolario, col. 387, für ተናበበ ፡ und አናበበ ፡ anführt, »esser messo allo stato costrutto o genitivo« bzw. »mettere allo stato costrutto« ist zu eng gefaßt.

[5] Brockelmann, Grundriß der vergleichenden Grammatik der semitischen Sprachen, Berlin 1907, Band I S. 95, rückt unter dem Einfluß von Trumpp für den Druck im Äthiopischen die physiologischen Ursachen in den Vordergrund.

erklären, daß beim Verbum vorzugsweise die vorletzte, beim Nomen die letzte Silbe den Druck hat, daß gewisse Suffixe[1] und enklitisch angehängte Wörtchen durch den Druck hervorgehoben, daß Präpositionen und Konjunktionen drucklos gesprochen werden. Im einzelnen sollen das für das Verbum, Pronomen, Nomen, die Eigennamen, Zahlwörter, Präpositionen, Adverbien und Konjunktionen kurz zusammengefaßt werden.

A. Verbum.

Den Druck haben:

1. auf der Pänultima:

a) alle Formen des Perfekts, mit Ausnahme der 2. f. pl.
b) alle Formen des Imperfekt-Indikativs.
c) alle Formen des Subjunktiv-Jussivs.
d) alle Formen des Imperativs.
(Siehe die Tabellen.)

e) alle Verbalformen mit dem Objektsuffix der 1. sg.; 2. m. sg.; 2. f. sg.; 1. pl.; 2. m. pl.; 3. m. pl.; z. B. ነገረኝ ፡ »er redete mit mir« *nagarǻnnĭ*; ይነግረከ ፡ »er redet mit dir« *yənaggərǻkka*; ነገረተኪ ፡ »sie redete mit dir (f.)« *nagarattǻkkĭ*; ነገርከነ ፡ »du (m.) redetest mit uns« *nagarkkǻnna*; ነገርኩከሙ ፡ »ich redete mit euch« *nagarkukkə́mŭ*; እነግሮሙ ፡ »ich rede mit ihnen« *'ənaggərʷṓmŭ*.

f) gewisse Verbalformen mit dem Objektsuffix der 3. m. sg. und 3. f. sg.; siehe unter 2bα und 2bβ.

2. auf der Ultima:

a) die 2. f. pl. des Perfekts (siehe oben unter 1a); z. B. ነገርክን ፡ »ihr (f.) habt geredet« *nagarkə́n*.

b) alle Verbalformen mit dem Objektsuffix der 3. m. sg.; 3. f. sg.; 3. f. pl.; z. B. ነገሮ ፡ »er hat mit ihm geredet« *nagarʷṓ*; ይነግራ ፡ »er redet mit ihr« *yənaggərā́*; ነገሮን ፡ »er hat mit ihnen (f.) geredet« *nagarʷṓn*.

Genau so haben diese Suffixe den Druck, wenn, wie bei der 2. m. sg. und 3. f. sg. der vorangehende Konsonant verdoppelt wird; also: ነገርኮ ፡ »du hast mit ihm geredet« *nagarkkʷṓ*; ebenso ነገርካ ፡ *nagarkkā́* und ነገርኮን ፡ *nagarkkʷṓn*. — ነገረቶ ፡ »sie hat mit ihm geredet« *nagarattʷṓ*, ebenso ነገረታ ፡ *nagarattā́* und ነገረቶን ፡ *nagarattʷṓn*[2].

---

[1] Daß bei Antritt zweier Suffixe an ein Verbum nur das erste den Druck hat, wie Takla Marjam, *Mamhər* S. 37, behauptet, bestreitet Blatta Heruï. Das letzte habe den Hauptdruck.

[2] Die letzten drei Formen (Suffixe der 3. m. sg.; 3. f. sg. und 3. f. pl. an 3. f. sg.) sprechen andere mit Druck auf der Pänultima: *nagaráttʷŏ*; *nagaráttă* und *nagaráttʷon*. So auch Takla Marjam, *Mamhər* S. 27.

Eine Ausnahme bilden und den Druck haben auf der Pänultima:

α) Die Formen des Subjunktiv-Jussivs und Imperativs mit den unter b) genannten Suffixen, z. B. ይንግሮ፡ »er soll mit ihm reden« *i̯əngə́rrᵘ̯ŏ*; ebenso ይንግራ፡ *i̯əngə́rră* und ይንግሮን፡ *i̯əngə́rrᵘ̯on*; ንግሮ፡ »rede mit ihm« *nəgə́rrᵘ̯ŏ*; ebenso ንግራ፡ *nəgə́rră* und ንግሮን፡ *nəgə́rrᵘ̯on*.

β) Die Formen, in denen die genannten Suffixe auf *ū* bzw. *ī* folgen.

Beispiele für *ū*:

ነገርዎ፡ »sie haben mit ihm geredet« *nạgạrū́u̯ŏ*; ebenso ነገርዋ፡ *nạgạrū́u̯ă* und ነገርዎን፡ *nạgạrū́u̯on*. — ይነግርዎ፡ »sie reden mit ihm« *i̯ᵊnạggərū́u̯ŏ* ebenso ይነግርዋ፡ *i̯ᵊnạggərū́u̯ă* und ይነግርዎን፡ *i̯ᵊnạggərū́u̯on*.

Beispiele für *ī*:

ነገርክዮ፡ »du (f.) hast mit ihm geredet« *nạgạrk(k)ī́i̯ᵘ̯ŏ*; ebenso ነገርክያ፡ *nạgạrk(k)ī́i̯ă* und ነገርክዮን፡ *nạgạrk(k)ī́i̯ᵘ̯on*. — ትነግርዮ፡ »du (f.) redest mit ihm« *tənạggərī́i̯ᵘ̯ŏ*; ebenso ትነግርያ፡ *tənạggərī́i̯ă* und ትነግርዮን፡ *tənạggərī́i̯ᵘ̯on*.

c) Alle Verbalformen mit dem Objektsuffix der 2. f. pl.; z. B. ነገረክን፡ »er hat mit euch (f.) geredet« *nạgạrạk(k)ə́n*; ይነግረክን፡ »er redet mit euch (f.)« *i̯ᵊnạggərạk(k)ə́n*. — Takla Marjam verlegt bei diesen Formen den Druck auf die Pänultima und gibt den Druck auf der Ultima daneben nur als Variante an (*Mạmhər* S. 27 und 29). Aber die Vorletzte hat bei ihnen nur zuweilen einen Nebendruck, die Letzte immer den Hauptdruck.

B. Pronomen.

1. Den Druck haben[1]:

a) Auf der Ultima:

α) Alle Demonstrativa, mit Ausnahme der Akkusativform ዘንተ፡ »diesen« *zə́ntạ*.

β) Alle Interrogativa, mit Ausnahme der Akkusativformen መነ፡ »wen« *mə́nnạ* und ምንተ፡ »was« *mə́ntạ*.

b) Auf der Pänultima:

Alle Personalia, mit Ausnahme der 2. f. pl. አንትን፡ *'anttə́n*, 3. m. pl. እሙንቱ፡ *'əmùntū́* und 3. f. pl. እማንቱ፡ *'emàntū́* und ውእቶን፡ *u̯ə'ətᵘ̯ṓn*.

2. Drucklos sind:

Die Relativa ዘ፡ *zạ‿*—; እንተ፡ *'əntạ‿*— und እለ፡ *'əllạ‿*—.

[1] Hier ist immer nur der Hauptdruck berücksichtigt. Gerade unter den Pronominalformen haben viele neben dem Haupt- noch einen Nebendruck. Die Einzelheiten siehe Abschnitt V.

C. Nomen.

1. Alle Nomina haben im Nominativ den Druck auf der Ultima [1].

Im einzelnen ist zu bemerken:

a) Nomina wie በድው ፡ »Wüste« *bạdụ*, ሥርው ፡ »Wurzel« *sərụ* sind einsilbig, genau wie ምድር ፡ »Erde« *mədṛ*. — Das Wort ቆቅሕ ፡ »flos farinae« wird ebenfalls einsilbig gesprochen: *k'ĭẹk'h* [2] oder es wird zur Erleichterung der Aussprache ein *ə* eingeschoben: *k'ĭẹk'əh*. Auch bei ihm hat also die letzte bzw. die einzige Silbe den Druck. — Auch Wörter wie ሀልው ፡ »seiend« *həllụ* haben den Druck auf der letzten Silbe, indem *ụ* (es wechselt, wie bereits oben S. 16 bemerkt, in der Aussprache mit *ū*; also auch *həllū*) als Diphthong zu betrachten ist.

b) Nominalbildungen *faʿl* von Wurzeln mediae laryngalis, bei denen nach äthiopischem Lautgesetz das a in *ā* übergehen muß, sind streng genommen ebenfalls einsilbig [3]. Tatsächlich werden Worte wie ባሕር ፡ »Meer«, ላእክ ፡ »Diener« und ሣዕር ፡ »Kraut« vielfach noch einsilbig gesprochen: *bāhṛ* — *lāk* — *sāṛ*. Sie werden häufig aber auch schon mit der Form *făʿil* $=$ *făʿəl* (c. α.) konfundiert und lauten dann: *băhər* — *laək* — *săər*.

c) Mehrsilbige Nominalformen. — Entgegen allen von Trumpp aufgestellten Regeln haben sie samt und sonders den Druck auf der letzten Silbe, gleichgiltig ob die erste Silbe einen »langen« oder »kurzen« Vokal hat, ob sie »länger« [4] oder »kürzer« ist als die zweite, ob sie »doppelt geschlossen« [5] oder »einfach geschlossen« [5], ob sie »schallstärker« [5] oder »schallschwächer« ist als die zweite. — Es werden also akzentuiert [6]:

α) *făʿəl* — Fem. *făəlt*; z. B. ሣልስ ፡ »der dritte« *săləs*; Fem. ሣልስት ፡ *săləst* [7].

β) *fəʿūl* bzw. *fəʿʿūl* [8]
γ) *fạʿīl* bzw. *fạʿʿīl* } Beispiele siehe oben S. 27.

δ) *fạʿāl* bzw *fạʿʿāl*
ε) *məfʿāl* bzw. *məfəʿʿāl* } Beispiele siehe oben S. 28.

[1] Eine Ausnahme bilden nur gewisse Eigennamen; siehe unten S. 42.

[2] So ist die Stelle bei Takla Marjam, *Mạmhər* S. 21 zu verstehen. — Anders Littmann III. S. 322 und 334.

[3] Vgl. Praetorius, Grammatik, § 102 (S. 90), Littmann III. Seite 334.

[4] So Praetorius, § 106 (S. 94).

[5] So Brockelmann a. a. O. Seite 96.

[6] Ich folge wiederum der Anordnung der Nominalformen bei Praetorius und wähle als Beispiele möglichst die von ihm angeführten Formen.

[7] Mehrere Beispiele für *făʿəl* gibt auch Takla Marjam, *Mạmhər* S. 21.

[8] Ebenso im Feminin *fəʿəlt* bzw. *fəʿʿəlt*.

ζ) *maf'ál* — Fem. *maf'ált*; z. B. መስቀል ፡ »Kreuz« *mask'ál*; መቃብርት ፡ »Grab« *mak'bárt*.

η) *maf'əl* — Fem. *maf'əlt*; z. B. መብልዕ ፡ »Speise« *mablə(')*; መንግሥት ፡ »Königreich« *mangəst*.

θ) Alle Partizipien mit vorgesetztem *ma* — Beispiele siehe oben S. 28.

ι) Alle Formen mit der Endung — *ăuí*; Fem. — *ăuít*; z. B. ንጉሣዊ(ት) ፡ »königlich« *nəgŭsăuí(t)*

κ) Alle Formen mit der Endung — *ắi*; Fem. — *ắit*; z. B. ላዕላይ(ት) ፡ »obere« *lă'əlắi(t)*.

λ) *fa'ălí* und *fa''ălí*[1] — Beispiele siehe oben S. 28 f.

μ) Formen mit vorgesetztem *ma* und angehängtem *í* (Fem. *ít*); z. B. መድኀኒ(ት) ፡ »Erlöser(in)« *madhăní(t)*.

ν) *fə'lát*; z. B. ቅትለት ፡ »Tötung« *k'ətlát*; ስደት ፡ »Vertreibung« *səddát*; ቈመት ፡ »Gestalt« *k'ŭmát*; ሕይወት ፡ »Leben« *həiuát*.

ξ) *taf'ăl*
ο) *təf'ăl* } Beispiele siehe oben S. 29.
π) *təf'əlt*

ϱ) alle Nomina auf *-ắ*, *-ié*, *ít*, *-iét*, *-uố*, *uốt*, *-ắt*, *-ắn* und *-ənnắ*. Beispiele teilweise oben S. 29; ferner መድኀኒት ፡ »Erlösung« *madhănít*; ረድኤት ፡ »Hilfe« *rad'ét*; ገቦ ፡ »Seite« *gabuố*; ምልክት ፡ »Eigentum« *məlkuốt*; ልህቃት ፡ »Alter« *ləhək'ắt*; ብርሃን ፡ »Licht« *bərhắn*.

σ) gebrochene Plurale:

αα) *fə'ál*; z. B. እዘን ፡ »Ohren« *'əzán*.

ββ) *fa'ál*; z. B. አፈው ፡ »Münder« *'ăfáu*.

γγ) *fa'ált* bzw. *fa''ált*; siehe oben S. 29.

δδ) *fə'ăl*; z. B. ቍያጽ ፡ »Unterschenkel« *k'uiắṣ'*; s. jedoch S. 114.

εε) *fə'ŭl*; z. B. ውሉድ ፡ »Söhne« *uəlŭd* oder *ulŭd*.

ζζ) *'af'əl*; z. B. አብቅል ፡ »Maultiere« *'abk'əl*.

ηη) *'af'əlt*; z. B. አርእስት ፡ »Köpfe« *'ar'əst*.

ϑϑ) *'af'ăl*; z. B. አክናፍ ፡ »Flügel« *'aknăf*.

ιι) *'af'ŭl*; z. B. አህጉር ፡ »Städte« *'ahgŭr*.

κκ) *fa'ăləl* / *mafă'əl* } z. B. ደናግል ፡ »Jungfrauen« *danăgəl*. መዋዕል ፡ »Tage« *mauă'əl*.

λλ) *fa'ăləlt* / *mafă'əlt* } z. B. ከዋክብት ፡ »Sterne« *kauăkəbt*. መሳፍንት ፡ »Fürsten« *masăfənt*.

---

[1] Ebenso im Feminin *fa'ălít* und *fa''ălít*.

2. Im **Akkusativ** behält die Silbe den Druck, die ihn im Nominativ hat. — Es sind also im Akkusativ zu unterscheiden:

a) Die im Nominativ konsonantisch auslautenden Nomina, die im Akkusativ die Endung *-a̤* annehmen. Sie haben im Akkusativ den Druck auf der Pänultima. Das sind die unter 1c α—ϑ, κ, ν—π, ϱ (teilweise) und σ aufgeführten Formen; z. B. ሣልሰ፡ *sälə́sa̤*; መስቀለ፡ *ma̤sḳ'ə́la̤*; መብልዐ፡ *ma̤blə́'ä*.

b) Die im Nominativ auf *ī́* auslautenden Nomina (1c ι, λ, μ). Sie nehmen im Akkusativ die Endung *ié* an und haben, wie im Nominativ, den Druck auf der Ultima; z. B. መድኅኔ፡ »den Erlöser« *ma̤dhänié*. (Die Feminina auf *-ít* lauten im Akkusativ natürlich gemäß 2a auf *-íta̤* aus.)

c) Die im Nominativ auf *-ắ*, *-ié*, *-ᵘō̆* auslautenden Nomina (1c ϱ) haben im Akkusativ die gleiche Form wie im Nominativ, haben also den Druck auf der Ultima[1].

3. **Akkusative** von Eigennamen, die durch Anhängung von ሃ gebildet werden, haben den Druck immer auf diesem *hắ*; z. B. ይስሐቅሃ፡ »den Isaak« *i̥əshäḳ'hắ*.

4. Ebenso zieht die Vokative bildende Endung *ᵘō̆* den Druck immer an sich; z. B. እግዚኦ፡ »o Herr« *'əgᵘziᵘō̆*; ብእሲቶ፡ *bə'əsītᵘō̆* »o Frau«.

5. **Drucklos** werden die Nomina, wie bereits oben bemerkt, in der Status-constructus-Verbindung gesprochen.

D. Nomen mit Suffixen.

Den Druck haben:

1. Auf der **Pänultima** das Nomen mit dem Suffix der 1. sg., 2. m. sg., 2. f. sg., 1. pl., 2. m. pl., 3. m. pl. (Beispiele siehe Abschnitt V, S. 47f.).

2. Auf der **Ultima** das Nomen mit dem Suffix der 3. m. sg., 3. f. sg., 2. f. pl., 3. f. pl. (Beispiele ebenda).

In beiden Fällen ist es gleichgültig, ob das Nomen im Nominativ oder im Akkusativ steht.

E. Eigennamen.

Für die Eigennamen, sofern sie fremden Ursprungs sind, gilt der Satz, daß alle Nomina den Druck auf der letzten Silbe haben, nicht. Die eigent-

---

[1] Nomina auf *-ú* (erstarrtes Suffix) haben im Akkusativ (*-ᵘó*) den Druck auf der letzten Silbe; z. B. ከንቱ፡ »eitel« *ka̤ntú*; Akkusativ ከንቶ፡ *ka̤ntᵘó*.

lichen äthiopischen Namen werden natürlich wie die betreffenden Nomina gesprochen, also z. B. ኅሩይ ። wörtlich: »der Auserwählte« *hərŭi̯*; ተክለ ። ሃይማኖት ። (»Pflanze des Glaubens«) *tạklạ‿hăi̯măn^uŏt*; ወልደ ። መስቀል ። (»Sohn des Kreuzes«) *u̯ắldạ‿mạsḳ'ắl*. Hingegen sollen die fremden Eigennamen so gesprochen werden, wie sie in der Sprache ihrer Heimat lauten [1]. Hierfür gibt es bestimmte Überlieferungen, die teilweise recht seltsam anmuten. So haben nach einem mir bereits von Aleka Taje mitgeteilten und von Blatta Heruï bestätigten Satze »alle alttestamentlichen Prophetennamen den Akzent auf der Pänultima, mit Ausnahme von ሙሴ ። Moses, ኢያሱ ። Josua, ዳዊት ። David, ሆሴዕ ። Hosea und ሐጌ ። Haggai«. Während diese also *mŭsⁱé*, *'ĭi̯ăsŭ*, *dău̯ít*, *h^uŏsⁱé* und *ḥaggⁱé* gesprochen werden, lauten beispielsweise: ኢሳይያስ ።, Jesajas, *'ĭsăi̯ə́i̯as*; ኤርምያስ ።, Jeremias, *'ĕrəmə́i̯as*; አሞጽ ።, Amos, *'ắm^uoṣ'*; ዮናስ ።, Jona, *i̯^uŏ́nas*; ሄኖክ ።, Henoch, *hén^uok*.

Auch die anderen fremden Eigennamen haben den Druck:

1. Zum geringen Teil auf der Ultima: z. B. ኢየሱስ ።, Jesus, *'ĭi̯ạsŭ́s*; ቃየን ።, Kain, *ḳ'ăi̯ạ́n* [2]; ይሁዳ ።, Juda, *i̯ᵊhŭdắ*; ያሬድ ።, Jared, *i̯ărⁱéd* [3]; ሮማን ።, Roman[us], *r^uŏmắn* [4]; von geographischen Namen: ኢየሩሳሌም ።, Jerusalem, *'ĭi̯ạrŭsălⁱém*; ፊሶን ።, Fison (Gen. 2, 11), *fĭs^uŏ́n*.

2. In der Mehrzahl auf der Pänultima; z. B. ስምዖን ።, Simeon, *sə́m^uon*; ዮሴፍ ።, Josef, *i̯^uŏ́sⁱef* [5]; ዮሐንስ ።, Johannes, *i̯^uŏhắnnəs* [6]; ጴጥሮስ ።, Petrus, *p̣'ⁱéṭ'r^uos*; ፊልጶስ ።, Philipp, *fĭlə́p̣p̣'^uos*; ማርቆስ ።, Marcus, *mărə́ḳ'^uos* [7]; von geographischen Namen: ጌዮን ።, Gihon (Gen. 2,13) *gⁱéi̯^uon*; ጤግሮስ ።, Tigris, *ṭ'ⁱĕgə́r^uos*; ኤፍራጥስ ።, Euphrat, *'efrắṭ'əs* [8].

---

[1] So auch Takla Marjam, *Mạmhər* S. 26; vgl. Littmann III. S. 335.

[2] So auch Takla Marjam, *Fə'ṭŭn mạlmạdiē* S. 31.

[3] So nach Blatta Heruï allgemein gesprochen. Er bestreitet, daß es daneben eine andere Überlieferung mit dem Druck auf der Pänultima gebe (so Takla Marjam an der in Anm. 1 zitierten Stelle und danach Littmann a. a. O.).

[4] Auch hier erkennt Blatta Heruï nur diese Aussprache als korrekt an und leugnet die Überlieferung *r^uŏ́man* (Takla Marjam a. a. O.).

[5] Blatta Heruï verneint auch hier die von Takla Marjam daneben aufgeführte Form mit dem Akzent auf der Ultima; siehe daselbst.

[6] Auch hier ein Irrtum bei Takla Marjam; siehe Littmann a. a. O.

[7] So richtig bei Takla Marjam a. a. O. Hier ist also bei ihm nicht mit Littmann III. S. 328 Anm. 1, ein Druckfehler anzunehmen.

[8] Weitere fremde Eigennamen mit Druck auf der Pänultima finden sich bei Takla Marjam, *Fəṭŭn mạlmạdiē* S. 21, 27 und sonst.

F. Zahlwörter.

Den **Druck** haben:

1. Auf der Ultima:

a) alle Kardinalzahlen, sowohl im Nominativ als auch im Akkusativ;

b) alle Ordinalzahlen im Nominativ; die auf *-ăi̯í* auslautenden Ordinalzahlen auch im Akkusativ (*-ăi̯é*)[1].

2. Auf der Pänultima:

die Akkusative der Ordinalzahlen der Struktur *fă'əl* sowie der auf *-ăi̯* auslautenden Ordinalzahlen[2].

Beispiele siehe Abschnitt VI

G. Präpositionen.

1. Sämtliche Präpositionen werden drucklos gesprochen. Sie verbinden sich mit dem folgenden Worte, beziehungsweise den folgenden Wörtern, unter Einheitsdruck gleichsam zu einem Worte. Sie werden daher samt und sonders als ተናበቢ ፡ bezeichnet. Wird die Verbindung zu lang, so haben sie zuweilen, besonders wenn langsamer gelesen wird, einen Nebendruck. (Beispiele auf jeder Seite der phonetisch umschriebenen Texte, Abschnitt IX.)

Präpositionen wie በእንተ ፡ und እንበይነ ፡ »wegen«, ህየንተ ፡ »anstatt, statt« usw. haben niemals (in Pausa) den Druck auf der Ultima[3]. Sie haben immer ein anderes Wort nach sich. Spricht man sie in grammatischer Aufzählung für sich, so haben sie, soweit sie zwei- oder mehrsilbig sind, den Druck auf der Pänultima[4].

2. Die Verbindung einer Präposition mit einem Personalsuffix hat den Druck:

a) auf der Pänultima: beim Suff. 1. sg.; 2. m. sg.; 2. fem. sg.; 1. pl.; 2. m. pl.; 3. m. pl.; z. B. ለዐሌየ ፡ *lă'əlĭẹi̯a̤*; ለዐሌሆሙ ፡ *lă'əlĭẹhᵘómŭ*;

b) auf der Ultima: bei den Suffixen der 3. m. sg.; 3. f. sg.; 2. f. pl.: 3. f. pl.; z. B. ለዐሌሁ ፡ *lă'əlĭĕhú*; ለዐሌክን ፡ *lă'əlĭĕk(k)ə́n*.

---

[1] Ebenso auch von ቀዳሚ ፡ »der erste« Akk. ቀዳሜ ፡ *ḳ'a̤dămĭé*.

[2] Alle übrigen in Abschnitt V aufgeführten Zahlwörter haben wie alle konsonantisch auslautenden Nomina im Nominativ den Akzent auf der Ultima, im Akkusativ auf der Pänultima. Worte wie ኍማሴ ፡ lauten im Nominativ und Akkusativ gleich *hŭmăsĭé*.

[3] So Takla Marjam, *Ma̤mhər* S. 19 und danach Littmann III. S. 333.

[4] Die Präpositionen sind ja zum größten Teile im Akkusativ stehende Substantive. — Handelt es sich um Formen wie ፍና ፡ »gegen — hin«, ከቋላ ፡ »hinter«, so haben sie — für sich gesprochen — nach Seite 41, 2c den Druck natürlich auf der Ultima.

H. Adverbien.

1. Die überwiegende Mehrzahl der Adverbien hat den Druck auf der Ultima; so አኮ ፡ »nicht« *ʼakkʷṓ*; አይቴ ፡ »wo« *ʼăi̯tiḗ*; ማእዜ ፡ »wann« *mắʼəziḗ*; እፎ ፡ »wie« *ʼəfʷṓ*[1]; ሀየ ፡ »dort« *həi̯ạ́*; ይእዜ ፡ »jetzt« *i̯əʼəziḗ*; ዮጊ ፡ und እንዳዒ ፡ »vielleicht« *i̯ʷŏgí*[2] oder *i̯ʷògí* bzw. *ʼəndắʼí* oder *ʼəndắʼí*; ዓዲ ፡ »noch« *ʼădí*[2]; alle auf *ū* endenden, wie ላዕሉ ፡ »oben« *lắʼəlū́*; ታሕቱ ፡ »unten« *tàhtū́*; ቀዲሙ ፡ »früher« *ḳʼạdĭmū́*; ዳእሙ ፡ »vielmehr« *dắʼəmū́*; ebenso ግሙራ ፡ »vollkommen« *gəmŭ̄rắ*; አሜሃ ፡ »damals« *ʼămiĕhắ* oder *ʼămiĕhắ*.

Die Frageadverbien ሁ und ኑ *-hū́* und *-nū́* ziehen den Druck immer an sich[3], ebenso das enklitische መ *-mmạ́* und das bei wörtlichen Zitaten den einzelnen Wörtern angehängte አ *-ʼá*. Das Wort selbst, an das diese Enklitika treten, kann einen Nebendruck haben; z. B. ከማሁመ ፡ *kạmăhùmmạ́*.

2. Einige wenige haben den Druck auf der Pänultima, so ዝየ ፡ »hier« *zə́i̯ạ*[4] (im Gegensatz zu *həi̯ạ́*!); ከሓ ፡ »dort« *kạ́hă*; እወ ፡ »ja, freilich« *ʼə́u̯u̯ạ*.

3. Drucklos ist ኢ *ʼĭ‿* »nicht«.

I. Konjunktionen.

1. Den Druck ziehen an sich die enklitischen ሂ *-hí* »auch«, ኒ *-ní* »auch, hinwiederum«, ሰ *-ssạ́* »aber«[5], ኬ *-kiḗ* »also«. Das Wort, an das diese Konjunktionen angehängt werden, kann einen Nebendruck haben; z. B. ወምድርሰ ፡ »und die Erde aber« *u̯ạmə̀drᵊssạ́*.

2. Den Druck auf der Ultima mit Nebendruck auf der Pänultima hat ባሕቱ ፡ »aber« *bàhtū́*.

3. Den Druck auf der Pänultima (oft aber auch Einheitsdruck mit dem folgenden Wort) hat አላ ፡ »aber« *ʼắlă* oder *ʼălă‿*[6].

4. Drucklos werden gesprochen ወ ፡ »und« *u̯ạ‿*; አው ፡ »oder« *ʼău̯‿*; እስመ ፡ »weil« *ʼəsmạ‿*[7]; እንዘ ፡ »während« *ʼənzạ‿*; ሶበ ፡ »nachdem, sooft« *sʷŏ̆bạ‿*; እመ ፡ »wenn« *ʼəmmạ‿*; አመ ፡ »als« *ʼămạ‿*; እስከ ፡ »bis« *ʼəskạ‿*; ቅድመ ፡ »bevor« *ḳʼədmạ‿*; sowie alle anderen konjunktionell gebrauchten Präpositionen.

---

[1] So auch Takla Marjam, *Fəṭʼūn mạlmạdiē* Seite 30.

[2] Ebenda Seite 17.

[3] Ebenso Takla Marjam, *Mạmhər* Seite 19.

[4] Ebenso *Mạmhər* Seite 25.

[5] Diese drei ebenso *Mạmhər* Seite 19.

[6] Vgl. oben Seite 18.

[7] Takla Marjam: in Pausa *ʼəsmá*; doch siehe oben Seite 43.

V.

Pronomina.

Pronomina demonstrativa.

Das Demonstrativ ዝ ፡ *zə́* »dieser«, Acc. ዘ *zą́*, hat, wenn es mit einem Substantiv verbunden wird, den Nebendruck; z. B. ዝቤት ፡ *zə̀bi̯ét* »dieses Haus«. Wird es einem anderen Wort angehängt, so hat es den Druck; z. B. ከመዝ ፡ *ką mą zə́* »wie dieser«[1]. Genau so verhält es sich mit dem Feminin ዛ *zā́* »diese«. Der Plural lautet m. እሉ ፡ *'əllū́*, f እላ ፡ *'əllā́*[2].

Das erweiterte Pronomen »dieser«.

Sing. Nom. ዝንቱ ፡ *zəntū́*[3]; fem. ዛቲ ፡ *zàttī́*[4]
Acc. ዘንተ ፡ *zą́ntą*; fem. ዛተ ፡ *zàttą́*[5]
Plur. Nom. እሎንቱ ፡ *'əllu̯òntū́*; fem. እላንቱ ፡ *'əllàntū́*[6]
Acc. እሎንተ ፡ *'ellu̯òntą́*[7]; fem. እላንተ ፡ *'ellàntą́*

»Jener«.

Sing. m. ዝኩ ፡ *zəkkū́*[8] ዝክቱ ፡ *zəktū́*[9]
f. እንትኩ ፡ *'əntəkkū́*[8] እንታክቲ ፡ *'əntàktí*[10]
Acc. እንታክተ ፡ *'entàktą́*
Plur. comm. እልኩ ፡ *'əlləkū́* እልክቱ ፡ *'elləkᵘtū́*[11].

---

[1] Siehe oben S. 32.

[2] Ebenso Trumpp S. 546; Littmann II. S. 694 *'ə́llù*, *'ə́llà*.

[3] Ebenso Trumpp a. a. O.; Littmann a. a. O. *zə́ntū*.

[4] Auch Littmann a. a. O. gibt doppeltes *t*, aber mit Druck auf der Pänultima: *záttī*; Trumpp *zātí*; Cohen S. 267 ebenfalls mit doppeltem *t*. Takla Marjam, *Fəṭ'ūn mąlmądiē* S. 29, 31, hat den Akzent auf der Ultima, aber aus Nachlässigkeit das Verdoppelungszeichen weggelassen.

[5] Trumpp *zāta*, Littmann *zátta*.

[6] Trumpp: *ellōntū́*, *ellāntū́*; bei Littmann der Akzent auf der vorletzten.

[7] Bei Trumpp und Littmann Akzent auf der vorletzten.

[8] Trumpp und Littmann mit e i n e m *k*.

[9] Littmann *zə́ktù*; wie oben auch Takla Marjam, *Fəṭ'ūn mąlmądiē* S. 27, 30, 31.

[10] Bei Littmann Akzent auf der vorletzten.

[11] Von den übrigen Formen dieses Pronomens, die in unseren Grammatiken vorkommen, gab mir Blatta Heruï keine Aussprache-Bezeichnung, da sie in Wirklichkeit kaum vorkämen und in den Schulen nicht gelehrt würden.

Pronomen relativum.

Während Trumpp den Satz aufstellt: »Das Relativ ዘ ፡ ist akzentuiert (*zá*) und nicht vom Tone des Wortes abhängig, mit dem es zusammengeschrieben wird«, hat ዘ in Wirklichkeit nie den Akzent. Es wird mit dem Worte, vor das es tritt, so eng verbunden wie zwei Worte, die im Verhältnis des Status constructus stehen, und hat mit ihm einen Einheitsdruck. Ebenso verhält es sich mit dem Feminin እንተ ፡ und dem Plural እለ ፡ (*'ənta̤*⏑⏑–; *'ə̤lla̤*⏑⏑–).

Pronomina interrogativa.

Für መኑ ፡ »wer« geben Trumpp und Littmann a. a. O. die Aussprache *mánnū*. Ich habe von meinen beiden Gewährsmännern immer *ma̤nnū́* gehört und diese Aussprache ist mir von Blatta Heruï als die einzig korrekte bezeichnet worden[1]. Der Akkusativ hingegen lautet መነ ፡ *má̤nna̤*. — Zu ምንት ፡ »was« *mə́nt*, Akk. ምንተ ፡ *mə́nta̤* ist nichts zu bemerken. Vom Frageadjektiv አይ ፡ *'ắį* »welcher«? lautet der feminine Plural አያት ፡ *'ăįất*; im Akkus. አያተ ፡ *'ăįătá̤*[2].

Pronomina personalia.

Singular.

1. አነ ፡ *'ắna̤* ich

2. m. እንተ ፡ *'ánta̤*[3] du

2. f. እንቲ ፡ *'ántĭ*

3. m. ውእቱ ፡ *u̯ə'ə́tŭ*[4] er; Acc. ውእተ ፡ *u̯ə'ə́ta̤*[4] ihn

3. f. ይእቲ ፡ *i̯e'ə́tĭ*[4] sie; Acc. ይእተ ፡ *i̯ə'ə́ta*[4] sie.

---

[1] So auch Takla Marjam, *Fəṭ'ūn ma̤lma̤dīē* S. 29.

[2] Bei Trumpp und Littmann a. a. O. Akzent auf der vorletzten Silbe.

[3] *a* wegen der folgenden Doppelkonsonanz. Werden die Silben bei mehr skandierender Aussprache getrennt, lautet das Wort *'ắn-ta̤*, ebenso *'ắn-tĭ*; vgl. oben S. 15.

[4] So im Zusammenhang des Satzes. — Wird das Wort für sich gesprochen, so lautet es *u̯ə'ə̀tŭ*, ebenso *i̯ə'ə̀tĭ*. — Littmann II. S. 694 *wə'ətū́*; *wə'ətá* und *yə'ətí*; *yə'etá*. Aber in den Texten bei Littmann I meist *wə'ə̀tū*.

Plural.

1.	ንሕና፡	*nə́hna̤* wir	
2. m.	አንትሙ፡	*'anttə́mǚ*[1] ihr	
f.	አንትን፡	*'anttə́n*[1]	
3. m.	እሙንቱ፡	*'əmǜntǘ*[2] oder	ውእቶሙ፡ *u̯ə'ətᵘṓmǚ* sie
f.	እማንቱ፡	*'əmà̄ntǘ*[2] oder	ውእቶን፡ *u̯ə'etᵘṓn.*

Suffigierte Personalpronomina[3].

	I. Pers.	II. Pers.		III. Pers.	
	comm.	m.	f.	m.	f.
Sing.	የ፡ *i̯a̤* am Nomen	ከ *ka̤*	ኪ *kī*	ሁ *hǘ*	ሃ *hā́*
	ኒ፡ *nī* bzw. *nnī* am Verbum	(bzw. *kka̤*; *kkī*)			
Plur.	ና፡ *na̤* bzw. *nna̤*	ክሙ *kkə́mǚ*	ክን *kə́n* bzw. *kkə́n*	ሆሙ *hᵘṓmǚ*	ሆን *hᵘṓn*

Anhängung der Personalsuffixe:

a) an Singulare.

α) auf *ā́ ⁱé ᵘṓ* auslautende.

	Sing.		Plur.	
1.	ጽጌየ፡	*ṣ'əgⁱéi̯a̤*	ጽጌና፡	*ṣ'əgⁱéna̤*
2. m.	ጽጌከ፡	*ṣ'əgⁱéka̤*	ጽጌክሙ፡	*ṣ'əgⁱekkə́mǚ*[4]
2. f.	ጽጌኪ፡	*ṣ'əgⁱékī̆*	ጽጌክን፡	*ṣ'əgⁱĕ́k(k)ə́n*[5]
3. m.	ጽጌሁ፡	*ṣ'əgⁱĕ́hǘ*	ጽጌሆሙ፡	*ṣ'əgⁱĕ́hᵘṓmǚ*
3. f.	ጽጌሃ፡	*ṣ'əgⁱĕ́hā́*	ጽጌሆን፡	*ṣ'əgⁱĕ́hᵘṓn*

[1] Trumpp S. 548 *antemmū*, ebenso Littmann a. a. O. Meine beiden Gewährsmänner sprachen ein doppeltes *t* und einfaches *m*. Demgemäß setzte Blatta Heruī auch auf das ት ein Tašdīd.

[2] Trumpp *emū́ntū́*; Littmann II. S. 694 *'əmū́ntū*, aber z. B. I. S. 667 (Mc. 4.15 und 4.20) zweimal [*'e*]*mūntū́*. Die vorletzte Silbe hat den Neben-, die letzte den Hauptdruck. Das gleiche gilt von der 3. f. pl.

[3] Siehe oben Seite 24 ff., 37 und 41.

[4] Beide Gewährsmänner mit doppeltem *k*. Blatta Heruī versah das ከ demgemäß mit einem Tašdīd vgl. S. 25, Anm. 5.

[5] *ṣ'əgiekkə́n* bzw. *ṣ'əgiĕ́kə́n* und so in allen entsprechenden Fällen. — Meine beiden Gewährsmänner sprachen ein doppeltes *k*. Blatta Heruī bezeichnete in diesem Falle die Verdoppelung aber nur als üblich (በልማድ፡) und meinte, daß manche nur ein »etwas verstärktes«, also ein »langes« *k* sprechen; vgl. oben Seite 26.

β) auf *ĭ* auslautende.

Nominativ

	Sing.		Plur.	
1.	ብእሲየ ፡	*bə'əsĭi̯a̤*	ብእሲነ ፡	*bə'əsĭna̤*
2. m.	ብእሲከ ፡	*bə'əsĭka̤*	ብእሲክሙ ፡	*bə'əsikkə́mŭ̆*
2. f.	ብእሲኪ ፡	*bə'əsĭkĭ̆*	ብእሲክን ፡	*bə'əsĭ̆k(k)ə́n*
3. m.	ብእሲሁ ፡	*bə'əsĭ̆hŭ́*	ብእሲሆሙ ፡	*bə'əsĭ̆hᵘ̯ō̆mŭ̆*
3. f.	ብእሲሃ ፡	*bə'əsĭ̆hắ*	ብእሲሆን ፡	*bə'əsĭ̆hᵘ̯ō̆n*

Akkusativ.

	Sing.		Plur.	
2. m.	ብእሴከ ፡	*bə'əsi̯éka̤*	ብእሴክሙ ፡	*bə'əsi̯ekkə́mŭ̆*
2. f.	ብእሴኪ ፡	*bə'əsi̯ékĭ̆*	ብእሴክን ፡	*bə'əsi̯ĕk(k)ə́n*

γ) konsonantisch auslautende.

	Nominativ.		Akkusativ.	
Sg. 1.	ሥርዐትየ ፡	*sər'ătə́i̯a̤*	ሥርዐተየ ፡	*sər'ătə́i̯a̤*
2. m.	ሥርዐትከ ፡	*sər'ătə́ka̤*	ሥርዐተከ ፡	*sər'ătá̤ka̤*
2. f.	ሥርዐትኪ ፡	*sər'ătə́kĭ̆*	ሥርዐተኪ ፡	*sər'ătá̤kĭ̆*
3. m.	ሥርዐቱ ፡	*sər'ătŭ́*	ሥርዐቶ ፡	*sər'ătᵘ̯ṓ*
3. f.	ሥርዐታ ፡	*sər'ătắ*	ሥርዐታ ፡	*sər'ătắ*
Pl. 1.	ሥርዐትነ ፡	*sər'ătə́na̤*	ሥርዐተነ ፡	*sər'ătá̤na̤*
2. m.	ሥርዐትክሙ ፡	*sər'ătəkkə́mŭ̆*	ሥርዐተክሙ ፡	*sər'ăta̤kkə́mŭ̆*
2. f.	ሥርዐትክን ፡	*sər'ătək(k)ə́n*	ሥርዐተክን ፡	*sər'ăta̤k(k)ə́n*
3. m.	ሥርዐቶሙ ፡	*sər'ătᵘ̯ṓmŭ̆*	ሥርዐቶሙ ፡	*sər'ătᵘ̯ṓmŭ̆*
3. f.	ሥርዐቶን ፡	*sər'ătᵘ̯ṓn*	ሥርዐቶን ፡	*sər'ătᵘ̯ṓn*

b) an Plurale.

	Sing.		Plur.	
1.	መላእክትየ ፡	*ma̤lă'əktə́i̯a̤*	መላእክቲነ ፡	*ma̤lă'əktĭna̤*
2. m.	መላእክቲከ ፡	*ma̤lă'əktĭka̤*	መላእክቲክሙ ፡	*ma̤lă'əktikkə́mŭ̆*
2. f.	መላእክቲኪ ፡	*ma̤lă'əktĭkĭ̆*	መሃእክቲክን ፡	*ma̤lă'əktĭ̆k(k)ə́n*
3. m.	መላእክቲሁ ፡	*ma̤lă'əktĭ̆hŭ́*	መላእክቲሆሙ ፡	*ma̤lă'əktĭ̆hᵘ̯ō̆mŭ̆*
3. f.	መላእክቲሃ ፡	*ma̤lă'əktĭ̆hắ*	መላእክቲሆን ፡	*ma̤lă'əktĭ̆hᵘ̯ō̆n*

Anhängung der Personalsuffixe an Präpositionen:

1. an ለ፡ *la̤* »zu, für«.

	Sing.-Suff.		Plur.-Suff.	
1.	ሊተ፡	*líta̤*	ለነ፡	*lá̤na̤*
2. m.	ለከ፡	*lá̤ka̤*	ለክሙ፡	*la̤kkə́mŭ̆*
2. f.	ለኪ፡	*lá̤kĭ̆*	ለክን፡	*la̤k(k)ə́n*
3. m.	ሎቱ፡	*lᵘòttű*[1]	ሎሙ፡	*lᵘőmŭ̆*
3. f.	ላቲ፡	*làttí*[1]	ሎን፡	*lᵘőn*
			ሎንቱ፡	*lᵘònttű*[1]
			ሎቶን፡	*lᵘòttᵘőn*[1]

2. an በ፡ *ba̤* »in«.

	Sing.-Suff.		Plur.-Suff.	
1.	ብየ፡	*bə́i̯a̤*	ብነ፡	*bə́na̤*
2. m.	ብከ፡	*bə́ka̤*	ብክሙ፡	*bəkkə́mű*
2. f.	ብኪ፡	*bə́kĭ̆*	ብክን፡	*bək(k)ə́n*
3. m.	ቦ፡	*bᵘő*	ቦሙ፡	*bᵘőmű*
	ቦቱ፡	*bᵘòttű*[1]	ቦን፡	*bᵘőn*
3. f.	ባ፡	*bá̆*	ቦንቱ፡	*bᵘònttű*[1]
	ባቲ፡	*bàttí*[1]	ቦቶን፡	*bᵘòttᵘőn*[1]

Ebenso አልብየ፡ — አልብከ፡ — አልብኪ፡ usw.
ʾalƀə́i̯a̤ — *ʾalƀə́ka̤* — *ʾalƀə́kĭ̆* usw.

3. an ከመ፡ *ka̤ma̤* »wie«

	Sing.-Suff.		Plur.-Suff.	
1.	ከማየ፡	*ka̤mắi̯a̤*	ከማነ፡	*ka̤mắna̤*
2. m.	ከማከ፡	*ka̤mắka̤*	ከማክሙ፡	*ka̤makkə́mű*
2. f.	ከማኪ፡	*ka̤mắkĭ̆*	ከማክን፡	*ka̤măk(k)ə́n*
3. m.	ከማሁ፡	*ka̤măhű*	ከማሆሙ፡	*ka̤măhᵘőmü̆*
3. f.	ከማሃ፡	*ka̤măhắ*	ከማሆን፡	*ka̤măhᵘőn*

4. an እምነ፡ *ʾəmənna̤* »von«

	Sing.-Suff.		Plur.-Suff.	
1.	እምኔየ፡	*ʾəmənnⁱéi̯a̤*	እምኔነ፡	*ʾəmənnⁱéna̤*
2. m.	እምኔከ፡	*ʾəmənnⁱéka̤*	እምኔክሙ፡	*ʾəmənnⁱekkə́mŭ̆*
2. f.	እምኔኪ፡	*ʾəmənnⁱékĭ̆*	እምኔክን፡	*ʾəmənnⁱĕk(k)ə́n*
3. m.	እምኔሁ፡	*ʾəmənnⁱĕhű*	እምኔሆሙ፡	*ʾəmənnⁱĕhᵘőmü̆*
3. f.	እምኔሃ፡	*ʾəmənnⁱĕhắ*	እምኔሆን፡	*ʾəmənnⁱĕhᵘőn*

Anhängung der Objektsuffixe an das Verbum siehe S. 74—79.

[1] Mit doppeltem *t* und dem Hauptdruck auf der Ultima. — Littmann I. 660 (Mc. 2.10) *lṓtū*; I. 661 (Mc. 2.23) *lᵘōtű*. I. S. 665 (Mc. 3.29) ebenso.

VI.

Zahlwörter.

Kardinalzahlen.

1 **አሐዱ** ፡ *’ăḥădú*; Akk. **አሐደ** ፡ *’ăḥădá*; Fem. **አሐቲ** ፡ *’ăḥattí*[1]; Akk. **አሐተ** ፡ *’ăḥattá*.

2 **ክልኤ** ፡ *kələ’é* — **ክልኤቱ** ፡ *kələ’ĕtú*; Fem. **ክልኤቲ** ፡ *kələ’ĕtí*; Akk. **ክልኤተ** ፡ *kələ’ĕtá*.

3 **ሠላስ** ፡ *sallás*[2] — **ሠለስቱ** ፡ *sal(l)astú*; Akk. **ሠለስተ** ፡ *sal(l)astá*.

4 **አርባዕ** ፡ *’arbá* — **አርባዕቱ** ፡ *’arbăitú*; Akk. **አርባዕተ** ፡ *’arbăitá*.

5 **ኀምስ** ፡ *ḫáms* — **ኀምስቱ** ፡ *ḫăməstú*; Akk. **ኀምስተ** ፡ *ḫăməstá*.

6 **ስሱ** ፡ *səssú* — **ስድስቱ** ፡ *sədəstú*; Akk. **ስድስተ** ፡ *sədəstá*.

7 **ሰብዑ** ፡ *sabʿú* — **ሰብዕቱ** ፡ *sabʿətú*; Akk. **ሰብዕተ** ፡ *sabʿətá*.

8 **ሰማኒ** ፡ *samăní* — **ሰማኒቱ** ፡ *samănitú* (**ሰማንቱ** ፡ *samantú*; **ሰመንቱ** ፡ *samantú*); Akk. **ሰማኒተ** ፡ *samănitá usw.*

9 **ትስዑ** ፡ *təsʿú* oder **ተስዑ** ፡ *tasʿú* — **ትስዐቱ** ፡ *təsʿătú* oder **ተስዐቱ** ፡ *tasʿătú*; Akk. **ትስዐተ** ፡ *təsʿătá* oder **ተስዐተ** ፡ *tasʿătá*.

10 **ዐሠሩ** ፡ *ʿăsarú*. — **ዐሠርቱ** ፡ *ʿăsartú*; Akk. **ዐሠርተ** ፡ *ʿăsartá*.

20 **ዕሥራ** ፡ *ʿəsrá*.	60 **ስሳ** ፡ *səssá*.
30 **ሠላሳ** ፡ *salăsá* (*sallăsá*).	70 **ሰብዓ** ፡ *sabʿá*.
40 **አርብዓ** ፡ *’arbʿá*.	80 **ሰማንያ** ፡ *samăniá*.
50 **ኀምሳ** ፡ *ḫamsá*.	90 **ትስዓ** ፡ *təsʿá* oder **ተስዓ** ፡ *tasʿá*.

100 **ምእት** ፡ *mə’ət*; Akk. **ምእተ** ፡ *mə’ətá*.

10 000 **እልፍ** ፡ *’əlf*; Plur. **አእላፍ** ፡ *’ăilăf*.

Ordinalzahlen.

1.		**ቀዳሚ** ፡	*ḳ’adămí*;	Fem.	**ቀዳሚት** ፡	*ḳ’adămít*;
	Pl.	**ቀደምት** ፡	*ḳ’addámt*;	Pl.	**ቀዳምያት** ፡	*ḳ’adămᵊiát*.
		ቀዳማዊ ፡	*ḳ’adămăuí*;	Fem.	**-ዊት** ፡	*-uít*;
	Akk.	**-ዌ** ፡	*-ăué*;	Akk.	**-ዊተ** ፡	*-uítá*.
		ቀደማይ ፡	*ḳ’adămái*;	Fem.	**-ማይት** ፡	*-máit*;
	Akk.	**-ማየ** ፡	*-máia*;	Akk.	**-ማይተ** ፡	*-máita*.

[1] So beide Gewährsmänner mit doppeltem *t* (aus *’ăhadtí* entstanden). — Sämtliche Kardinalzahlen haben — auch im Akkusativ — den Druck auf der Ultima; siehe oben S. 43.

[2] Siehe oben S. 28.

2.	ዳግም ፡ *dăgə́m.*;	Fem.	ዳግምት ፡ *dăgə́mt.*
	ክልእ ፡ *ḳălə́(ʾ)*;	»	ክልእት ፡ *ḳălə́ʾt.*
	ክዕብ ፡ *ḳăʾəƀ.*		
3.	ሣልስ ፡ *sălə́s*;	»	ሣልስት ፡ *sălə́st.*
4.	ራብዕ ፡ *răƀə́(ʾ)*;	»	ራብዕት ፡ *răƀə́ʾt.*
5.	ኃምስ ፡ *ħămə́s*;	»	ኃምስት ፡ *ħămə́st.*
6.	ሳድስ ፡ *sădə́s*;	»	ሳድስት ፡ *sădə́st.*
7.	ሳብዕ ፡ *săƀə́(ʾ)*;	»	ሳብዕት ፡ *săƀə́ʾt.*
8.	ሳምን ፡ *sămə́n*;	»	ሳምንት ፡ *sămə́nt.*
9.	ታስዕ ፡ *tăsə́(ʾ)*;	»	ታስዕት ፡ *tăsə́ʾt.*
10.	ዓሥር ፡ *ʾăsə́r*;	»	ዓሥርት ፡ *ʾăsə́rt.*

Die Akkusative dieser Formen haben den Druck auf der Pänultima und lauten demgemäß:

ዳግመ ፡ *dăgə́mạ*; ሣልሰ ፡ *sălə́sạ*; ራብዐ ፡ *răƀə́ʾă* usw.

Ebenso die femininen Akkusativformen: ዳግምተ ፡ *dăgə́mtạ*, ሣልስተ ፡ *sălə́stạ*; ራብዕተ ፡ *răƀə́ʾtạ* usw.

Die durch Anhängung von *ā* ዊ bzw. *ā* ይ gebildeten Formen lauten:

ሣልሳዊ ፡ *salsăṷí* oder ሣልሳይ ፡ *salsắį* usw.; — im Femininum:
ሣልሳዊት ፡ *salsăṷít* oder ሣልሳይት ፡ *salsắįt* usw.

Die Zahlwörter: dreifach, vierfach usw. lauten:

3fach	ሥልስ ፡	*sə́ls*	7 fach	ስብዕ ፡	*sə́ƀ(ʾ)*
4 »	ርብዕ ፡	*rə́ƀ(ʾ)*	8 »	ስምን ፡	*sə́mṇ*
5 »	ኅምስ ፡	*ħə́ms*	9 »	ትስዕ ፡	*tə́s(ʾ)*
6 »	ስድስ ፡	*sə́ds*	10 »	ዕሥር ፡	*ʾə́sṛ.*

Von den sonstigen bei Trumpp unter den Zahlwörtern aufgeführten Formen lauten:

ትሥልስት ፡	das Dreifache	*təslə́st*	(Akk. *-lə́stạ*)
ትርብዕት ፡	» Vierfache	*tərƀə́ʾt*	(Akk. *-ƀə́ʾtạ*)
ትዕሥርት ፡	» Zehnfache	*təʾsə́rt*	(Akk. *-sə́rtạ*)
ኍማሴ ፡	die Fünfheit	*ħŭmăsi̯é.*	

VII.

Verbaltabellen.

Starkes Verbum.

Transitiver Grundstamm.

Perfekt.

	Sing.		Plur.	
3. m.	ነገረ ፡	*na̤gá̤ra̤*	ነገሩ ፡	*na̤gá̤rū̆*
3. f.	ነገረት ፡	*na̤gá̤ra̤t*	ነገራ ፡	*na̤gá̤rā̆*
2. m.	ነገርከ ፡	*na̤gá̤rka̤*	ነገርክሙ ፡	*na̤ga̤rkkə́mū̆*[1]
2. f.	ነገርኪ ፡	*na̤gá̤rkī̆*	ነገርክን ፡	*na̤ga̤rkə́n*
1.	ነገርኩ ፡	*na̤gá̤rkū̆*	ነገርነ ፡	*na̤gá̤rna̤*

Imperfekt-Indikativ.

	Sing.		Plur.	
3. m.	ይነግር ፡	*i̯ᵊná̤ggər*	ይነግሩ ፡	*i̯ᵊna̤ggə́rū̆*[2]
3. f.	ትነግር ፡	*təná̤ggər*	ይነግራ ፡	*i̯ᵊna̤ggə́rā̆*[2]
2. m.	ትነግር ፡	*təná̤ggər*	ትነግሩ ፡	*təna̤ggə́rū̆*[2]
2. f.	ትነግሪ ፡	*təna̤ggə́rī̆*[2]	ትነግራ ፡	*təna̤ggə́rā̆*[2]
1.	እነግር ፡	*'əná̤ggər*	ንነግር ፡	*nəná̤ggər*

Subjunktiv-Jussiv.

	Sing.		Plur.	
3. m.	ይንግር ፡	*i̯ə́ngər*	ይንግሩ ፡	*i̯əngə́rū̆*[2]
3. f.	ትንግር ፡	*tə́ngər*	ይንግራ ፡	*i̯əngə́rā̆*[2]
2. m.	ትንግር ፡	*tə́ngər*	ትንግሩ ፡	*təngə́rū̆*[2]
2. f.	ትንግሪ ፡	*təngə́rī̆*[2]	ትንግራ ፡	*təngə́rā̆*[2]
1.	እንግር ፡	*'ə́ngər*	ንንግር ፡	*nə́ngər*

Imperativ.

	Sing.		Plur.	
m.	ንግር ፡	*nə́gər*[3]	ንግሩ ፡	*nəgə́rū̆*[2]
f.	ንግሪ ፡	*nəgə́rī̆*[2]	ንግራ ፡	*nəgə́rā̆*[2]

---

[1] Vgl. oben Seite 23.

[2] Über die »Verlängerung« des dritten Radikals bei diesen Formen siehe oben Seite 31.

[3] Littmann II. S. 680 *nə̀gə̀r*.

Intransitiver Grundstamm.

Perfekt.

	Sing.		Plur.	
3. m.	ለብሰ ፡	lá̤ƀsa̤	ለብሱ ፡	lá̤ƀsŭ
3. f.	ለብሰት ፡	lá̤ƀsa̤t	ለብሳ ፡	lá̤ƀsă
2. m.	ለበስክ ፡	la̤ƀá̤ska̤	ለበስክሙ ፡	la̤ƀa̤skkə́mŭ
2. f.	ለበስኪ ፡	la̤ƀá̤skĭ	ለበስክን ፡	la̤ƀa̤skə́n
1.	ለበስኩ ፡	la̤ƀá̤skŭ	ለበስን ፡	la̤ƀá̤sna̤

Imperfekt-Indikativ.

	Sing.		Plur.	
3. m.	ይለብስ ፡	i̯ᵊlá̤bbəs	ይለብሱ ፡	i̯ᵊla̤bbə́sŭ
3. f.	ትለብስ ፡	təlá̤bbəs	ይለብሳ ፡	i̯ᵊla̤bbə́să
2. m.	ትለብስ ፡	təlá̤bbəs	ትለብሱ ፡	təla̤bbə́sŭ
2. f.	ትለብሲ ፡	təla̤bbə́sĭ	ትለብሳ ፡	təla̤bbə́să
1.	እለብስ ፡	ʾəlá̤bbəs	ንለብስ ፡	nəlá̤bbəs

Subjunktiv-Jussiv[1].

	Sing.		Plur.	
3. m.	ይልበስ ፡	i̯ə́lƀa̤s[2]	ይልበሱ ፡	i̯əlƀá̤sŭ
3. f.	ትልበስ ፡	tə́lƀa̤s	ይልበሳ ፡	i̯əlƀá̤să
2. m.	ትልበስ ፡	tə́lƀa̤s	ትልበሱ ፡	təlƀá̤sŭ
2. f.	ትልበሲ ፡	təlƀá̤sĭ	ትልበሳ ፡	təlƀá̤să
1.	እልበስ ፡	ʾə́lƀa̤s	ንልበስ ፡	nə́lƀa̤s

Imperativ.

	Sing.		Plur.	
m.	ልበስ ፡	lə́ƀa̤s	ልበሱ ፡	ləƀá̤sŭ
f.	ልበሲ ፡	ləƀá̤sĭ	ልበሳ ፡	ləƀá̤să

---

[1] Von ሰከረ ፡ »s'énivrer« lautet der Jussiv nur ይስከር ፡ i̯ə́ska̤r. Eine zweite Form ይሰክር ፡, die Cohen S. 253, Anm. 1, nach dem ሰዋስው ፡ von Aleka Taje (ebenso Dillmann, Lexikon s. v.) anführt, gibt es nach Blatta Heruï nicht. — Von den anderen bei Cohen daselbst besprochenen zweifelhaften Formen lautet der Subjunktiv von ከወወ ፡ »se mettre en cercle« nach Blatta Heruï nur ይከወው ፡ i̯ə́ku̯au̯, während er für ጸገየ ፡ »fleurir« sowohl ይጽገይ ፡ i̯ə́ṣ̌ga̤i̯ als auch ይጽጊ ፡ i̯ə́ṣ̌gĭ als berechtigt anerkennt.

[2] Nach Blatta Heruï ist i̯ə́lƀa̤s (mit ƀ) allein berechtigt. Auch Aleka Taje sprach immer so.

Die übrigen Stämme.

	I. 2.		I. 3.	
Perf.	ፈጸመ፡	*fa̤ṣṣ'á̤ma̤*	ባረከ፡	*bărá̤ka̤*
Impf.-Ind.	ይፌጽም፡	*i̯ᵊfⁱéṣṣ'əm*	ይባርክ፡	*i̯ᵊbắrrək*
Subj.-Juss.	ይፈጽም፡	*i̯ᵊfá̤ṣṣ'əm*	ይባርክ፡	*i̯ᵊbắrək*
Imper.	ፈጽም፡	*fá̤ṣṣ'əm*	ባርክ፡	*bắrək*

	II. 1.		II. 2.	
Perf.	አንገረ፡	*'angá̤ra̤*	አፈጸመ፡	*'ăfa̤ṣṣ'á̤ma̤*
Impf.-Ind.	ያነግር፡	*i̯ănáyyər*	ያፌጽም፡	*i̯ăfⁱéṣṣ'əm*
Subj.-Juss.	ያንግር፡	*i̯ắngər*	ያፈጽም፡	*i̯ăfá̤ṣ'əm*[1]
Imper.	አንግር፡	*'ắngər*	አፈጽም፡	*'ăfá̤ṣ'əm*[1]

	II. 3.	
Perf.	አላቀሰ፡	*'ălăḳ'á̤sa̤*
Impf.-Ind.	ያላቅስ፡	*i̯ălắḳḳ'əs*
Subj.-Juss.	ያላቅስ፡	*i̯ălắḳ'əs*
Imper.	አላቅስ፡	*'ălắḳ'əs*

	III. 1.		III. 2.	
Perf.	ተነግረ፡	*ta̤ná̤gra̤*[2]	ተፈጸመ፡	*ta̤fa̤ṣṣ'á̤ma̤*
Impf.-Ind.	ይትነገር፡	*i̯ətná̤gga̤r*	ይትፌጸም፡	*i̯ətfⁱéṣṣ'a̤m*
Subj.-Juss.	ይትነገር፡	*i̯ətná̤ga̤r*	ይትፈጸም፡	*i̯ətfá̤ṣ'a̤m*[3]
Imper.	ተነገር፡	*ta̤ná̤ga̤r*	ተፈጸም፡	*ta̤fá̤ṣ'a̤m*[3]

	III. 3.	
Perf.	ተናገረ፡	*ta̤năgá̤ra̤*
Impf.-Ind.	ይትናገር፡	*i̯ətnăgga̤r*
Subj.-Juss.	ይትናገር፡	*i̯ətnắga̤r*
Imper.	ተናገር፡	*ta̤nắga̤r*

---

[1] Siehe oben Seite 21.

[2] Die Berechtigung der Form III. 1 ተመሠጠ፡ (in Dillmanns Grammatik und Lexikon; vgl. Littmann II. S. 681) bestreitet Blatta Heruï. Nur ተመሥጠ፡ *ta̤má̤sṭa̤* erkennt er an.

[3] Nur in einigen wenigen Fällen wird der zweite Radikal verdoppelt; vgl. oben Seite 21 f.

	IV. 1.		IV. 2.	
Perf.	አስተንፈሰ ፡	ʾàsta̤nfá̤sa̤[1]	አስተጸነሰ ፡	ʾàsta̤ṣʾa̤nná̤sa̤
Impf.-Ind.	ያስተነፍስ ፡	i̯àsta̤ná̤ffəs	ያስተጼንስ ፡	i̯àsta̤ṣʾi̯énnəs
Subj.-Juss.	ያስተንፍስ ፡	i̯àstá̤nfəs	ያስተጸንስ ፡	i̯àsta̤ṣʾá̤nəs[2]
Imper.	አስተንፍስ ፡	ʾàstá̤nfəs	አስተጸንስ ፡	ʾàsta̤ṣʾá̤nəs[2]

IV. 3.

Perf.	አስተናገረ ፡	ʾàsta̤năgá̤ra̤
Impf.-Ind.	ያስተናግር ፡	i̯àstanắggər
Subj.-Juss.	ያስተናግር ፡	i̯àstanắgər
Imper.	አስተናገር ፡	ʾàstanắgər

Verba mediae geminatae.

Intransitiver Grundstamm.

Perfekt.

	Sing.		Plur.	
3. m.	ነደ ፡	ná̤dda̤	ነዱ ፡	ná̤ddŭ
3. f.	ነደት ፡	ná̤dda̤t	ነዳ ፡	ná̤ddă
2. m.	ነደድከ ፡	na̤dá̤dka̤	ነደድከሙ ፡	na̤da̤dkkə́mŭ
2. f.	ነደድኪ ፡	na̤dá̤dkĭ	ነደድከን ፡	na̤da̤dkə́n
1.	ነደድኩ ፡	na̤dá̤dkŭ	ነደድነ ፡	na̤dá̤dna̤

Imperfekt-Indikativ.

	Sing.		Plur.	
3. m.	ይነድድ ፡	i̯əná̤ddəd	ይነድዱ ፡ / ይነዱ ፡	i̯əna̤ddə́dŭ / i̯əná̤ddŭ
3. f.	ትነድድ ፡	tə ná̤ddəd	ይነድዳ ፡ / ይነዳ ፡	i̯əna̤ddə́dă / i̯ ná̤ddă
2. m.	ትነድድ ፡	təná̤ddəd	ትነድዱ ፡ / ትነዱ ፡	təna̤ddə́dŭ / təná̤ddŭ
2. f.	ትነድዲ ፡ / ትነዲ ፡	təna̤ddə́dĭ / təná̤ddĭ	ትነድዳ ፡ / ትነዳ ፡	təna̤ddə́dă / təná̤ddă
1.	እነድድ ፡	ʾəná̤ddəd	ንነድድ ፡	nəná̤dded

---

[1] Im Zusammenhang des Satzes auch *ʾasta̤nfá̤sa̤*, ebenso bei allen anderen entsprechenden Formen; s. oben Seite 35.

[2] Mit einfachem *n*; s. oben Seite 21.

Subjunktiv-Jussiv.

3. m.	ይንደድ ፡	i̥ə́nda̤d	ይንደዱ ፡	i̥əndá̤dŭ
3. f.	ትንደድ ፡	tə́nda̤d	ይንደዳ ፡	i̥əndá̤dă
2. m.	ትንደድ ፡	tə́nda̤d	ትንደዱ ፡	təndá̤dŭ
2. f.	ትንደዲ ፡	təndá̤dĭ	ትንደዳ ፡	təndá̤dă
1.	እንደድ ፡	’ə́nda̤d	ንንደድ ፡	nə́nda̤d

Imperativ.

	Sing.		Plur.	
m.	ንደድ ፡	nə́da̤d	ንደዱ ፡	nədá̤dŭ
f.	ንደዲ ፡	nədá̤dĭ	ንደዳ ፡	nədá̤dă

Transitiver Grundstamm.

Perfekt.

	Sing.		Plur.	
3. m.	ነበበ ፡	na̤ƀá̤ƀa̤	ነበቡ ፡	na̤ƀá̤ƀŭ
3. f.	ነበበት ፡	na̤ƀá̤ƀa̤t	ነበባ ፡	na̤ƀá̤ƀă
2. m.	ነበብከ ፡	na̤ƀá̤ƀka̤	ነበብክሙ ፡	na̤ƀa̤ƀkkə́mŭ
2. f.	ነበብኪ ፡	na̤ƀá̤ƀkĭ	ነበብክን ፡	na̤ƀa̤ƀkə́n
1.	ነበብኩ ፡	na̤ƀá̤ƀkŭ	ነበብነ ፡	na̤ƀá̤ƀna̤

Imperfekt-Indikativ stimmt mit dem der Intransitiven überein.

Subjunktiv-Jussiv.

	Sing.		Plur.	
3. m.	ይንብብ ፡	i̥ə́nƀəƀ	ይንብቡ ፡	i̥ənƀə́ƀŭ
3. f.	ትንብብ ፡	tə́nƀəƀ	ይንብባ ፡	i̥ənƀə́ƀă
2. m.	ትንብብ ፡	tə́nƀəƀ	ትንብቡ ፡	tənƀə́ƀŭ
2. f.	ትንብቢ ፡	tənƀə́ƀĭ	ትንብባ ፡	tənƀə́ƀă
1.	እንብብ ፡	’ə́nƀəƀ	ንንብብ ፡	nə́nƀəƀ

Imperativ.

	Sing.		Plur.	
m.	ንብብ ፡	nə́ƀəƀ	ንቡ ፡ / ንብቡ ፡	nə́bbŭ / neƀə́ƀŭ
f.	ንቢ ፡ / ንብቢ ፡	nə́bbĭ / nəƀə́ƀĭ	ንባ ፡ / ንብባ ፡	nə́bbă / nəƀə́ƀă

Die übrigen Stämme.

	I. 2.		I. 3.	
Perf.	ኰነነ ፡	k^{u}ånna̤na̤	ሳረረ ፡	sărára̤
Impf.-Ind.	ይኴንን ፡	i̯^{ə}k^{u}énnən	ይሳርር ፡	i̯^{ə}sā́rrər
Subj.-Juss.	ይኰንን ፡	i̯^{ə}k^{u}ånnən	ይሳርር ፡	i̯^{ə}sā́rər
Imper.	ኰንን ፡	k^{u}ånnən	ሳርር ፡	sā́rər

	II. 1.		II. 2.	
Perf.	አንደደ ፡	ʾandáda̤	አኰነነ ፡	ʾăk^{u}ånnána̤
Impf.-Ind.	ያነድድ ፡	i̯ănáddəd	ያኴንን ፡	i̯ăk^{u}énnən
Subj.-Juss.	ያንድድ ፡	i̯ā́ndəd	ያኰንን ፡	i̯ăk^{u}ånən
Imper.	አንድድ ፡	ʾā́ndəd	አኰንን ፡	ʾăk^{u}ånən

	III. 1.		III. 2.	
Perf.	ተነበ ፡	ta̤nábba̤	ተአዘዘ ፡	ta̤ʾazzáza̤
Impf.-Ind.	ይትነበብ ፡	i̯ətnábba̤b̄	ይትኤዘዝ ፡	i̯ətʾézza̤z
Subj.-Juss.	ይትነበብ ፡	i̯ətnáb̄a̤b̄	ይትአዘዝ ፡	i̯ətʾā́za̤z
Imper.	ተነበብ ፡	ta̤náb̄a̤b̄	ተአዘዝ ፡	ta̤ʾā́za̤z

	III. 3.	
Perf.	ተናበበ ፡	ta̤năb̄áb̄a̤
Impf.-Ind.	ይትናበብ ፡	i̯ətnā́bba̤b̄
Subj.-Juss.	ይትናበብ ፡	i̯ətnā́b̄a̤b̄
Imper.	ተናበብ ፡	ta̤nā́b̄a̤b̄

	IV. 1.		IV. 3.	
Perf.	አስተኀሠሠ ፡	ʾàsta̤ḫăsása̤	አስተፃረረ ፡	ʾàsta̤ṣ̌ʾărára̤
Impf.-Ind.	ያስተኀሥሥ ፡	i̯àsta̤ḫā́ssəs	ያስተፃርር ፡	i̯àsta̤ṣ̌ʾā́rrər
Subj.-Juss.	ያስታኅሥሥ ፡	i̯àstā́ḫsəs	ያስተፃርር ፡	i̯àsta̤ṣ̌ʾā́rər
Imper.	አስታኅሥሥ ፡	ʾàstā́ḫsəs	አስተፃርር ፡	ʾàsta̤ṣ̌ʾā́rər

Verba primae laryngalis.

Grundstamm.

Imperfekt-Indikativ.

	Sing.		Plur.	
3. m.	የአምን ፡	i̯a̤ʾā́mmən	የአምኑ ፡	i̯a̤ʾammə́nŭ̆
3. f.	ተአምን ፡	ta̤ʾā́mmən	የአምና ፡	i̯a̤ʾammə́nă
2. m.	ተአምን ፡	ta̤ʾā́mmən	ተአምኑ ፡	ta̤ʾammə́nŭ̆
2. f.	ተአምኒ ፡	ta̤ʾammə́nĭ̆	ተአምና ፡	ta̤ʾammə́nă
1.	አአምን ፡	ʾăʾā́mmən	ነአምን ፡	na̤ʾā́mmən

Die übrigen Stämme.

I. 2.

Perf.	ሐደሰ ፡	*haddą́są*
Impf.-Ind.	ይሔድስ ፡	*i̯əhéddəs*
Subj.-Juss.	የሐድስ ፡	*i̯ąhā́ddəs*
Imper.	ሐድስ ፡	*hā́ddəs*

	II. 1.		II. 2.	
Perf.	አእመረ ፡	*’ăʾmą́rą*	አዐረየ ፡	*’ă’arrą́i̯ą*
Impf.-Ind.	ያአምር ፡	*i̯ă’ā́mmər*	ያዔሪ ፡	*i̯ă’érrĭ*
Subj.-Juss.	ያእምር ፡	*i̯ā́ʾmər*	ያዐሪ ፡	*i̯ă’ā́rĭ*
Imper.	አእምር ፡	*’ā́ʾmər*	አዐሪ ፡	*’ă’ā́rĭ*

	IV. 1.		IV. 2.	
Perf.	አስታሕቀረ ፡	*’ȧstaḥḳ’ą́rą*	አስተዐገሠ ፡	*’ȧstą’aggą́są*
	አስተሐቀረ ፡	*’ȧstąhăḳ’ą́rą*		
Impf.-Ind.	ያስተሐቅር ፡	*i̯ȧstąhā́ḳḳ’ər*	ያስተዔግሥ ፡	*i̯ȧstą’éggəs*
Subj.-Juss.	ያስታሕቅር ፡	*i̯ȧstā́hḳ’ər*	ያስተዐግሥ ፡	*i̯ȧstą’ā́gəs*
Imper.	አስታሕቅር ፡	*’ȧstā́hḳ’ər*	አስተዐግሥ ፡	*’ȧstą’ā́gəs*

IV. 3.

Perf.	አስተአከየ ፡	*’ȧstą’ăką́i̯ą*
Impf.-Ind.	ያስተአኪ ፡	*i̯ȧstą’ā́kkĭ*
Subj.-Juss.	ያስተአኪ ፡	*i̯ȧstą’ā́kĭ*
Imper.	አስተአኪ ፡	*’ȧstą’ā́kĭ*

Verba mediae laryngalis.

Grundstamm.

Perfekt.

	Sing.		Plur.	
3. m.	ምሕረ ፡	*mə́hrą (məhə́rą)*	ምሕሩ ፡	*mə́hrŭ (məhə́rŭ)*
3. f.	ምሕረት ፡	*mə́hrąt (məhə́rąt)*	ምሕራ ፡	*mə́hră (məhə́ră)*
2. m.	ምሕርከ ፡	*məhə́rką*	ምሕርክሙ ፡	*məhərkkə́mŭ*
2. f.	ምሕርኪ ፡	*məhə́rkĭ*	ምሕርክን ፡	*məhərkə́n*
1.	ምሕርኩ ፡	*məhə́rkŭ*	ምሕርነ ፡	*məhə́rną*

Subjunktiv-Jussiv.

	Sing.		Plur.	
3. m.	ይምሐር፡	i̯ə́mħar	ይምሐሩ፡	i̯əmħắrŭ
3. f.	ትምሐር፡	tə́mħar	ይምሐራ፡	i̯əmħắră
2. m.	ትምሐር፡	tə́mħar	ትምሐሩ፡	təmħắrŭ
2. f.	ትምሐሪ፡	təmħắrĭ	ትምሐራ፡	təmħắră
1.	እምሐር፡	'ə́mħar	ንምሐር፡	nə́mħar

Imperativ.

	Sing.		Plur.	
m.	መሐር፡	má̤ħar	መሐሩ፡	ma̤ħắrŭ
f.	መሐሪ፡	ma̤ħắrĭ	መሐራ፡	ma̤ħắră

Die übrigen Stämme.

I. 2.

Perf.	መሀረ፡	ma̤hắra̤
Impf.-Ind.	ይሜህር፡	i̯ᵊmi̯éhər
Subj.-Juss.	ይምህር፡	i̯ᵊmə́hər
Imper.	ምህር፡	mə́hər

II. 1.

Perf.	አድኅነ፡	'adħắna̤
Impf.-Ind.	ያድኅን፡	i̯ădə́ħən(i̯ắdħən)
Subj.-Juss.	ያድኅን፡	i̯ắdħən
Imper.	አድኅን፡	'ắdħən

II. 2.

Perf.	{ አለዐለ፡	'ăla̤'ắla̤
	{ አልዐለ፡	'al'ắla̤
Impf.-Ind.	ያሌዕል፡	i̯ăli̯é'əl
Subj.-Juss.	ያልዕል፡	i̯ălə́'əl(i̯ắl'əl)
Imper.	አልዕል፡	'ălə́'əl('ắl'əl)

II. 3.

Perf.	አዋሐደ፡	'ău̯ăħắda̤
Impf.-Ind. / Subj.-Juss.	ያዋሕድ፡	i̯ău̯ắħəd
Imper.	አዋሕድ፡	'ău̯ắħəd

III. 1.

Perf.	{ ተግዕዘ፡	ta̤gə́'za̤
	{ ተገዐዘ፡	ta̤ga̤'ắza̤
Impf.-Ind. / Subj.-Juss.	ይትገዐዝ፡	i̯ətgá̤'az
Imper.	ተገዐዝ፡	ta̤gá̤'az

III. 2.

Perf.	{ ተጸአለ፡	ta̤ṣ'a̤'ắla̤
	{ ተጽአለ፡	ta̤ṣ'ə́'la̤
Impf.-Ind.	ይጼአል፡	i̯əṣṣ'i̯é'al
Subj.-Juss.	ይጸአል፡	i̯əṣṣ'á̤'al
Imper.	ተጸአል፡	ta̤ṣ'á̤'al

III. 3.

Perf.	ተማሐለ ፡	*ta̤mă̆hā́la̤*
Impf.-Ind. } Subj.-Juss. }	ይትማሐል ፡	*i̭ətmā́hal*
Imper.	ተማሐል ፡	*ta̤mā́hal*

IV. 1.

Perf.	አስተርሐቀ ፡	*'àsta̤rhā́ḳ'a̤*
	አስተረሐቀ ፡	*'àsta̤ra̤hā́ḳ'a̤*
Impf.-Ind.	ያስተርሕቅ ፡	*i̭àsta̤rə́həḳ'* (*i̭àstá̤rhəḳ'*)
Subj.-Juss.	ያስተርሕቅ ፡	*i̭àstá̤rhəḳ'*
Imper.	አስተርሕቅ ፡	*'àstá̤rhəḳ'*

IV. 3.

Perf.	አስተዳኅረ ፡	*'àsta̤dă̆hā́ra̤*
Impf.-Ind. } Subj.-Juss. }	ያስተዳኅር ፡	*i̭àsta̤dā́hər*
Imper.	አስተዳኅር ፡	*'àsta̤dā́hər*

Verba tertiae laryngalis.

Grundstamm.

Perfekt.

	Sing.		Plur.	
3. m.	ሠርዐ ፡	*sá̤r'ă̆*	ሠርዑ ፡	*sá̤r'ŭ̆*
3. f.	ሠርዐት ፡	*sá̤r'at*	ሠርዓ ፡	*sá̤r'ă̆*
2. m.	ሠራዕከ ፡	*sa̤rā́ᵻka̤*	ሠራዕክሙ ፡	*sa̤raᵻkkə́mŭ̆*
2. f.	ሠራዕኪ ፡	*sa̤rā́ᵻkĭ̆*	ሠራዕክን ፡	*sa̤ră̆ᵻkə́n*
1.	ሠራዕኩ ፡	*sa̤rā́ᵻkŭ̆*	ሠራዕነ ፡	*sa̤rā́ᵻna̤*

Subjunktiv-Jussiv.

	Sing.		Plur.	
3. m.	ይሥራዕ ፡	*i̭ə́sră̆*	ይሥርዑ ፡	*i̭əsrə́'ŭ̆*
3. f.	ትሥራዕ ፡	*tə́sră̆*	ይሥርዓ ፡	*i̭əsrə́'ă̆*
2. m.	ትሥራዕ ፡	*tə́sră̆*	ትሥርዑ ፡	*təsrə́'ŭ̆*
2, f.	ትሥርዒ ፡	*təsrə́'ĭ̆*	ትሥርዓ ፡	*təsrə́'ă̆*
1.	እሥራዕ ፡	*'ə́sră̆*	ንሥራዐ ፡	*nə́sră̆*

Imperativ.

	Sing.		Plur.	
m.	ሥራዕ ፡	*sə́ră̆*	ሥርዑ ፡	*sərə́'ŭ̆*
f.	ሥርዒ ፡	*sərə́'ĭ̆*	ሥርዓ ፡	*sərə́'ă̆*

Die übrigen Stämme.

	I. 2.		I. 3.	
Perf.	ነስሐ፡	*nąssə́hă*	ባልሐ፡	*bălə́hă*
Impf.-Ind.	ይኔስሕ፡	*i̯ənii̯éssəh*	ይባልሕ፡	*i̯əbállәh*
Subj.-Juss.	ይነስሕ፡	*i̯ənássəh*	ይባልሕ፡	*i̯əbáləh*
Imper.	ነስሕ፡	*nássəh*	ባልሕ፡	*báləh*

	II. 1.		II. 2.	
Perf.	አግብአ፡	*'agbə́'ă*	አጽብሐ፡	*'ăṣ'ąbbə́hă*
Impf.-Ind.	ያገብእ፡	*i̯ăgábbə(')*	ያጼብሕ፡	*i̯ăṣ'i̯ébbəh*
Subj.-Juss.	ያግብእ፡	*i̯ágbə(')*	ያጽብሕ፡	*i̯ăṣ'ábəh*
Imper.	አግብእ፡	*'ágbə(')*	አጽብሕ፡	*'ăṣ'ábeh*

	III. 1.		III. 2.	
Perf.	ተመልአ፡	*tąmál'ă*	ተፈሥሐ፡	*tąfąssə́hă*
Impf.-Ind.	ይትመላእ፡	*i̯ətmállă*	ይትፌሣሕ፡	*i̯ətfi̯éssah*
Subj.-Juss.	ይትመላእ፡	*i̯ətmálă*	ይትፈሣሕ፡	*i̯ətfássah* [1]
Imper.	ተመላእ፡	*tąmálă*	ተፈሣሕ፡	*tąfássah* [1]

III. 3.

Perf.	ተጋብአ፡	*tągăbə́'ă*
Impf.-Ind.	ይትጋባእ፡	*i̯ətgábbă*
Subj.-Juss.	ይትጋባእ፡	*i̯ətgábă* [2]
Imper.	ተጋባእ፡	*tągábă*

	IV. 1.		IV. 2.	
Perf.	አስተብቍዐ፡	*'àstąbḳ'ú'ă*	አስተፈሥሐ፡	*'àstąfąssə́hă*
	አስተቀንአ፡	*'àstąḳ'án'ă* ('àstąḳ'ąnə́'ă)		
Impf.-Ind.	ያስተበቍዕ፡	*i̯àstąbáḳḳ'u(')*	ያስተፌሥሕ፡	*i̯àstáfi̯éssəh*
Subj.-Juss.	ያስተብቍዕ፡	*i̯àstábḳ'u(')*	ያስተፈሥሕ፡	*i̯àstąfássəh* [1]
Imper.	አስተብቍዕ፡	*'àstábḳ'u(')*	አስተፈሥሕ፡	*'àstąfássəh* [1]

IV. 3.

Perf.	አስተጋብአ፡	*'àstągăbə́'ă* ('àstągáb'ă)
Impf.-Ind.	ያስተጋብእ፡	*i̯àstągábbə(')*
Subj.-Juss.	ያስተጋብእ፡	*i̯àstągábə(')*
Imper.	አስተጋብእ፡	*'àstągăbə(')*

[1] Bei diesem Verb wird das *s* verdoppelt; siehe oben S. 22.

[2] Siehe z. B. Gen. 1. 9, weiter unten S. 81.

Verba primae u̯.

Grundstamm.

Imperfekt-Indikativ.

	Sing.		Plur.	
3. m.	ይወልድ፡	*i̯ᵊu̯ǻllǝd*	ይወልዱ፡	*i̯ᵊu̯ållǝ́dŭ*
3. f.	ትወልድ፡	*tǝu̯ǻllǝd*	ይወልዳ፡	*i̯ᵊu̯ållǝ́dă*
2. m.	ትወልድ፡	*tǝu̯ǻllǝd*	ትወልዱ፡	*tǝu̯ållǝ́dŭ*
2. f.	ትወልዲ፡	*tǝu̯ållǝ́dĭ*	ትወልዳ፡	*tǝu̯állǝ́dă*
1.	እወልድ፡	*ʼǝu̯ǻllǝd*	ንወልድ፡	*nǝu̯ǻllǝd*

Subjunktiv-Jussiv.

	Sing.		Plur.	
3. m.	ይውግር፡	*i̯ᵊ́u̯gǝr (i̯ū́gǝr)*	ይውግሩ፡	*i̯ᵊu̯gǝ́rŭ (i̯ŭ̄gǝ́rŭ)*
3. f.	ትውግር፡	*tᵊ́u̯gǝr (tū́gǝr)*	ይውግራ፡	*i̯ᵊu̯gǝ́ră (iŭ̄gǝ́ră)*
2. m.	ትውግር፡	*tᵊ́u̯gǝr (tū́gǝr)*	ትውግሩ፡	*tᵊu̯gǝ́rŭ (tŭ̄gǝ́rŭ)*
2. f.	ትውግሪ፡	*tᵊu̯gǝ́rĭ (tŭ̄gǝ́rĭ)*	ትውግራ፡	*tᵊu̯gǝ́ră (tŭ̄gǝ́ră)*
1.	እውግር፡	*ʼᵊ́u̯gǝr (ʼū́gǝr)*	ንውግር፡	*nᵊ́u̯gǝr (nū́gǝr)*

	Sing.		Plur.	
3. m.	ይለድ፡	*i̯ǝ́lạ̈d*	ይለዱ፡	*i̯ᵊlạ̈́dŭ*
3. f.	ትለድ፡	*tǝ́lạ̈d*	ይለዳ፡	*i̯ᵊlạ̈́dă*
2. m.	ትለድ፡	*tǝ́lạ̈d*	ትለዱ፡	*tǝlạ̈́dŭ*
2. f.	ትለዲ፡	*tǝlạ̈́dĭ*	ትለዳ፡	*tǝlạ̈́dă*
1.	እለድ፡	*ʼǝ́lạ̈d*	ንለድ፡	*nǝ́lạ̈d*

	Sing.		Plur.	
3. m.	የሐዝ፡	*i̯ạ̈́ḥaz*	የሐዙ፡	*i̯ạ̈ḥázŭ*
3. f.	ተሐዝ፡	*tạ̈́ḥaz*	የሐዛ፡	*i̯ạ̈ḥā́ză*
2. m.	ተሐዝ፡	*tạ̈́ḥaz*	ተሐዙ፡	*tạ̈ḥā́zŭ*
2. f.	ተሐዚ፡	*tạ̈ḥā́zĭ*	ተሐዛ፡	*tạ̈ḥā́ză*
1.	አሐዝ፡	*ʼā́ḥaz*	ነሐዝ፡	*nạ̈́ḥaz*

	Sing.		Plur.	
3. m.	ይፃእ፡	*i̯ǝ́ṣʼă*	ይፃኡ፡	*i̯ᵊṣʼā́ʼŭ*
3. f.	ትፃእ፡	*tǝ́ṣʼă*	ይፃኣ፡	*i̯ᵊṣʼā́ʼă*
2. m.	ትፃእ፡	*tǝ́ṣʼă*	ትፃኡ፡	*tǝṣʼā́ʼŭ*
2. f.	ትፃኢ፡	*tǝṣʼā́ʼĭ*	ትፃኣ፡	*tǝṣʼā́ʼă*
1.	እፃእ፡	*ʼǝ́ṣʼă*	ንፃእ፡	*nǝ́ṣʼă*

Imperativ.

	Sing.	Plur.
m.	ውግር፡ *u̯ᵊgər* (*ǘgər*)	ውግሩ፡ *u̯ᵊgə́rŭ̆* (*ŭ̆gə́rŭ̆*)
f.	ውግሪ፡ *u̯ᵊgə́rĭ̆* (*ŭ̆gə́rĭ̆*)	ውግራ፡ *u̯ᵊgə́ră̆* (*ŭ̆gə́ră̆*)

	Sing.	Plur.
m.	ለድ፡ *lạ́d*	ለዱ፡ *lạ́dŭ̆*
f.	ለዲ፡ *lạ́dĭ̆*	ለዳ፡ *lạ́dă̆*

	Sing.	Plur.
m.	ፃእ፡ *ṣ'ā́*	ፃኡ፡ *ṣ'ā́'ŭ̆*
f.	ፃኢ፡ *ṣ'ā́'ĭ̆*	ፃኣ፡ *ṣ'ā́'ă̆*

Die übrigen Stämme.

I. 2.

Perf.	ወለጠ፡	*u̯ą̊llạ́ṭ'ạ*
Impf.-Ind.	ይዌልጥ፡	*i̯ᵊu̯i̯ḗlləṭ'*
Subj.-Juss.	ይወልጥ፡	*i̯ᵊu̯ą̊́lləṭ'*
Imper.	ወልጥ፡	*u̯ą̊́lləṭ'*

	II. 1.		II. 2.	
Perf.	አውለደ፡	*'ău̯lạ́dạ*	አወጠነ፡	*'ău̯ą̊ṭṭ'ạ́nạ*
Impf.-Ind.	ያወልድ፡	*i̯ău̯ą̊́lləd*	ያዌጥን፡	*i̯ău̯i̯ḗṭṭ'ən*
Subj.-Juss.	ያውልድ፡	*i̯ā́u̯ləd*	ያወጥን፡	*i̯ău̯ą̊́ṭ'ən*
Imper.	አውልድ፡	*'ā́u̯ləd*	አወጥን፡	*'ău̯ą̊́ṭ'ən*

	III. 1.		III. 2.	
Perf.	ተወልደ፡	*tạu̯ą̊́ldạ*	ተወሰከ፡	*tạu̯ą̊ssạ́kạ*
Impf.-Ind.	ይትወለድ፡	*i̯ətu̯ą̊́llạd*	ይትዌሰክ፡	*i̯ətu̯i̯ḗssạk*
Subj.-Juss.	ይትወለድ፡	*i̯ətu̯ą̊́lạd*	ይትወሰክ፡	*i̯ətu̯ą̊́sạk*
Imper.	ተወለድ፡	*tạu̯ą̊́lạd*	ተወሰክ፡	*tạu̯ą̊́sạk*

III. 3.

Perf.	ተዋለጠ፡	*tạu̯ă̆lạ́ṭ'ạ*
Impf-Ind.	ይትዋለጥ፡	*i̯ətu̯ā́llạṭ'*
Subj.-Juss.	ይትዋለጥ፡	*i̯ətu̯ā́lạṭ'*
Imper.	ተዋለጥ፡	*tạu̯ā́lạṭ'*

	IV. 1.		IV. 2.	
Perf.	አስተውሐሰ፡	*'àstau̯hā́sa̤*	አስተወከለ፡	*'àstau̯ắkkála̤*
Impf.-Ind.	ያስተውሕስ፡	*i̯àstau̯ə́həs*	ያስተዌክል፡	*i̯àstau̯i̯ḗkkəl*
Subj.-Juss.	ያስተውሕስ፡	*i̯àstáu̯həs*	ያስተወክል፡	*i̯àstau̯ắkəl*
Imper.	አስተውሕስ፡	*'àstáu̯həs*	አስተወክል፡	*'àstau̯ắkel*

IV. 3.

Perf.	አስተዋሀበ፡	*'àstau̯ăhā́ḇa̤*
Impf.-Ind. } Subj.-Juss. }	ያስተዋሀብ፡	*i̯àstau̯ā́həḇ*
Imper.	አስተዋሀብ፡	*'àstau̯ā́həḇ*

Verba primae i̯.

Grundstamm.

Imperfekt-Indikativ.

	Sing.		Plur.	
3. m.	ይየብስ፡	*i̯ᵊi̯ábbəs*	ይየብሱ፡	*i̯ᵊi̯abbə́sū̆*
3. f.	ትየብስ፡	*təi̯ábbəs*	ይየብሳ፡	*i̯ᵊi̯abbə́să*
2. m.	ትየብስ፡	*təi̯ábbəs*	ትየብሱ፡	*təi̯abbə́sū̆*
2. f.	ትየብሲ፡	*təi̯abbə́sī̆*	ትየብሳ፡	*təi̯abbə́să*
1.	እየብስ፡	*'əi̯ábbəs*	ንየብስ፡	*nəi̯ábbəs*

Die übrigen Stämme

I. 2.

Perf.	የበበ፡	*i̯abbáḇa̤*
Impf.-Ind.	ይዬብብ፡	*i̯ᵊi̯ḗbbəḇ*
Subj.-Juss.	ይየብብ፡	*i̯ᵊi̯ábbəḇ*
Impor.	የብብ፡	*i̯ábbəḇ*

II. 1.

አይበሰ፡	*'ăi̯ḇása̤*
ያየብስ፡	*i̯ăi̯ábbəs*
ያይብስ፡	*i̯ā́i̯ḇəs*
አይብስ፡	*'ā́i̯ḇəs*

	III. 1.		III. 2.	
Perf.	ተየድዐ፡	*tai̯ád'ă*	ተየውሀ፡	*tai̯au̯u̯ə́hă*
Impf.-Ind.	ይትየዳዕ፡	*i̯ətii̯áddă*	ይትዬዋህ፡	*i̯ətii̯ḗu̯u̯ah*
Subj.-Juss.	ይትየዳዕ፡	*i̯ətii̯ádă*	ይትየዋህ፡	*i̯ətii̯áu̯ah*
Imper.	ተየዳዕ፡	*tai̯ádă*	ተየዋህ፡	*tai̯áu̯ah*

Verba mediae u̯.

Grundstamm.

Perfekt.

	Sing.		Plur.	
3. m.	ኖመ ፡	n^{u}*ṓma̤*	ኖሙ ፡	n^{u}*ṓmŭ̆*
3. f.	ኖመት ፡	n^{u}*ṓma̤t*	ኖማ ፡	n^{u}*ṓmă*
2. m.	ኖምከ ፡	n^{u}*ṓmka̤*	ኖምክሙ ፡	n^{u}*omkkə́mŭ̆*
2. f.	ኖምኪ ፡	n^{u}*ṓmkĭ̆*	ኖምክን ፡	n^{u}*omkə́n*
1.	ኖምኩ ፡	n^{u}*ṓmkŭ̆*	ኖምና ፡	n^{u}*ṓmna̤*

Imperfekt-Indikativ.

	Sing.		Plur.	
3. m.	ይነውም ፡	*i̯əná̤u̯u̯əm*	ይነውሙ ፡	*i̯əna̤u̯u̯ə́mŭ̆*
3. f.	ትነውም ፡	*təná̤u̯u̯əm*	ይነውማ ፡	*i̯əna̤u̯u̯ə́mă*
2. m.	ትነውም ፡	*təná̤u̯u̯əm*	ትነውሙ ፡	*təna̤u̯u̯ə́mŭ̆*
2. f.	ትነውሚ ፡	*təna̤u̯u̯ə́mĭ̆*	ትነውማ ፡	*təna̤u̯u̯ə́mă*
1.	እነውም ፡	*ʾəná̤u̯u̯əm*	ንነውም ፡	*nəná̤u̯u̯əm*

Subjunktiv-Jussiv.

	Sing.		Plur.	
3. m.	ይኑም ፡	*i̯ə́num*	ይኑሙ ፡	*i̯*^{ə}*nū́mŭ̆*
3. f.	ትኑም ፡	*tə́num*	ይኑማ ፡	*i̯*^{ə}*nū́mă*
2. m.	ትኑም ፡	*tə́num*	ትኑሙ ፡	*tənū́mŭ̆*
2. f.	ትኑሚ ፡	*tənū́mĭ̆*	ትኑማ ፡	*tənū́mă*
1.	እኑም ፡	*ʾə́num*	ንኑም ፡	*nə́num*

Imperativ.

	Sing.		Plur.	
m.	ኑም ፡	*nū́m*	ኑሙ ፡	*nū́mŭ̆*
f.	ኑሚ ፡	*nū́mĭ̆*	ኑማ ፡	*nū́mă*

Die übrigen Stämme.

I. 2.

Perf.	ኸወለ ፡	*ka̤u̯u̯á̤la̤*
Impf.-Ind.	ይኼውል ፡	*i̯*^{ə}*k*^{i}*ḗu̯u̯əl*
Subj.-Juss.	ይኸውል ፡	*i̯*^{ə}*ká̤u̯u̯əl*
Imper.	ኸውል ፡	*ká̤u̯u̯əl*

II. 1.

Perf.	አጸረ ፡	ʼăṣʼu̯ŏ́ra̤	አቀመ ፡	ʼăḳʼá̤ma̤
Impf.-Ind.	ያጸውር ፡	i̯ăṣʼá̤u̯u̯ər	ያቀውም ፡	i̯ăḳá̤u̯u̯əm
Subj.-Juss.	ያጹር ፡	i̯ā́ṣʼur	ያቅም ፡	i̯ā́ḳʼəm
Imper.	አጹር ፡	ʼā́ṣʼur	አቅም ፡	ʼā́ḳʼəm

II. 2

Perf.	አሠወነ ፡	ʼăsa̱u̯u̯á̤na̤
Impf.-Ind.	ያሤውን ፡	i̯ăsi̯ḗu̯u̯ən
Subj.-Juss.	ያሠውን ፡	i̯ăsá̤u̯ən
Imper.	አሠውን ፡	ʼăsá̤u̯ən

III. 1. / III. 2.

Perf.	ተሀውከ ፡	ta̤hā́u̯ka̤	ተፈወሰ ፡	ta̤fa̤u̯u̯á̤sa̤
	ተሀወከ ፡	ta̤hău̯á̤ka̤		
Impf.-Ind.	ይትሀወክ ፡	i̯əthā́u̯u̯a̤k	ይትፌወስ ፡	i̯etfi̯ḗu̯u̯a̤s
Subj.-Juss.	ይትሀወክ ፡	i̯əthā́u̯a̤k	ይትፈወስ ፡	i̯ətfá̤u̯a̤s
Imper.	ተሀወክ ፡	ta̤hā́u̯a̤k	ተፈወስ ፡	ta̤fá̤u̯a̤s

III. 3.

Perf.	ተራወጸ ፡	ta̤rău̯á̤ṣʼa̤
Impf.-Ind.	ይትራወጽ ፡	i̯ətrā́u̯u̯a̤ṣʼ
Subj.-Juss.	ይትራወጽ ፡	i̯ətrā́u̯a̤ṣʼ
Imper.	ትራወጽ ፡	ta̤rā́u̯a̤ṣʼ

IV. 1.

Perf. አስተበውሐ ፡ ʼàsta̤b̄á̤u̯hă (ʼàsta̤b̄a̤u̯ə́hă)

IV. 3.

Perf.	አስተማወቀ ፡	ʼàsta̤mău̯á̤ḳʼa̤
Impf.-Ind.	ያስተማውቅ ፡	i̯àsta̤mā́u̯u̯eḳʼ
Subj.-Juss.	ያስተማውቅ ፡	i̯àsta̤mā́u̯əḳʼ
Imper.	አስተማውቅ ፡	ʼàsta̤mā́u̯əḳʼ

Verba mediae i̯.

Grundstamm.

Perfekt.

	Sing.		Plur.	
3. m.	ሤመ ፡	*sⁱéma̤*	ሤሙ ፡	*sⁱémŭ*
3. f.	ሤመት ፡	*sⁱéma̤t*	ሤማ ፡	*sⁱémă*
2. m.	ሤምከ ፡	*sⁱémka̤*	ሤምከሙ ፡	*sⁱemkkə́mŭ*
2. f.	ሤምኪ ፡	*sⁱémkĭ*	ሤምክን ፡	*sⁱemkə́n*
1.	ሤምኩ ፡	*sⁱémkŭ*	ሤምነ ፡	*sⁱémna̤*

Imperfekt-Indikativ.

	Sing.		Plur.	
3. m.	ይሠይም ፡	*i̯ᵊsá̤i̯i̯əm*	ይሠይሙ ፡	*i̯ᵊsa̤i̯i̯ə́mŭ*
3. f.	ትሠይም ፡	*təsá̤i̯i̯əm*	ይሠይማ ፡	*i̯ᵊsa̤i̯i̯ə́mă*
2. m.	ትሠይም ፡	*təsá̤i̯i̯əm*	ትሠይሙ ፡	*təsa̤i̯i̯ə́mŭ*
2. f.	ትሠይሚ ፡	*təsa̤i̯i̯ə́mĭ*	ትሠይማ ፡	*təsa̤i̯i̯ə́mă*
1.	እሠይም ፡	*ʾəsá̤i̯i̯əm*	ንሠይም ፡	*nəsá̤i̯i̯əm*

Subjunktiv-Jussiv.

	Sing.		Plur.	
3. m.	ይሢም ፡	*i̯ə́sim*	ይሢሙ ፡	*i̯ᵊsímŭ*
3. f.	ትሢም ፡	*tə́sim*	ይሢማ ፡	*i̯ᵊsímă*
2. m.	ትሢም ፡	*tə́sim*	ትሢሙ ፡	*təsímŭ*
2. f.	ትሢሚ ፡	*təsímĭ*	ትሢማ ፡	*təsímă*
1.	እሢም ፡	*ʾə́sim*	ንሢም ፡	*nə́sim*

Imperativ.

	Sing.		Plur.	
m.	ሢም ፡	*sím*	ሢሙ ፡	*símŭ*
f.	ሢሚ ፡	*símĭ*	ሢማ ፡	*símă*

Die übrigen Stämme.

I. 2.

Perf.	ጠየቀ ፡	*ṭʾa̤i̯i̯ák̇ʾa̤*
Impf.-Ind.	ይጤይቅ ፡	*i̯ᵊṭʾⁱéi̯i̯ək̇ʾ*
Subj.-Juss.	ይጠይቅ ፡	*i̯ᵊṭʾá̤i̯i̯ək̇ʾ*
Imper.	ጠይቅ ፡	*ṭʾá̤i̯i̯ek̇ʾ*

	II. 1.		II. 2.	
Perf.	አኬደ ፡	'ăkⁱéda̤	አጠየቀ ፡	'ăṭ'a̤i̯i̯á̤k'a̤
Impf.-Ind.	ያከይድ ፡	i̯ăká̤i̯i̯əd	ያጤይቅ ፡	i̯ăṭ'ⁱéi̯i̯əḳ'
Subj.-Juss.	ያኪድ ፡	i̯ắkid	ያጠይቅ ፡	i̯ăṭ'á̤i̯əḳ'
Imper.	አኪድ ፡	'ắkid	አጠይቅ ፡	'ăṭ'á̤i̯əḳ'

	III. 1.		III. 2.	
Perf.	ተሠይመ ፡	ta̤sá̤i̯ma̤	ተጠየቀ ፡	ta̤ṭ'a̤i̯i̯á̤k'a̤
Impf.-Ind.	ይሠየም ፡	i̯əssá̤i̯i̯a̤m	ይጤየቅ ፡	i̯əṭṭ'ⁱéi̯i̯a̤ḳ'
Subj.-Juss.	ይሠየም ፡	i̯əssá̤i̯a̤m	ይጠየቅ ፡	i̯əṭṭ'á̤i̯a̤ḳ'
Imper.	ተሠየም ፡	ta̤sá̤i̯a̤m	ተጠየቅ ፡	ta̤ṭ'á̤i̯a̤ḳ'

	III. 3.	
Perf.	ተከየደ ፡	ta̤kăi̯á̤da̤
Impf.-Ind.	ይትከየድ ፡	i̯ətkắi̯i̯a̤d
Subj.-Juss.	ይትከየድ ፡	i̯ətkắi̯a̤d
Imper.	ተከየድ ፡	ta̤kắi̯a̤d

	IV. 2.		IV. 3.	
Perf.	አስተኀየሰ ፡	'ȧsta̤ha̤i̯i̯á̤sa̤	አስተሓየጸ ፡	'ȧsta̤hăi̯á̤ṣ'a̤
Impf.-Ind.	ያስተኄይስ ፡	i̯ȧsta̤hḗi̯i̯əs	ያስተሓይጽ ፡	i̯ȧsta̤hắi̯i̯əṣ'
Subj.-Juss.	ያስተኀይስ ፡	i̯ȧsta̤hắi̯əs	ያስተሓይጽ ፡	i̯ȧsta̤hắi̯əṣ'
Imper.	አስተኀይስ ፡	'ȧsta̤hắi̯əs	አስተሓይጽ ፡	'ȧsta̤hắi̯əṣ'

Verba tertiae u̯.

Grundstamm.

Perfekt.

	Sing.		Plur.	
3. m.	ተለወ ፡	ta̤lá̤u̯a	ተለዉ ፡	ta̤lá̤u̯ŭ
3. f.	ተለወት ፡	ta̤lá̤u̯a̤t	ተለዋ ፡	ta̤lá̤u̯ă
2. m.	ተለውከ ፡	ta̤lá̤u̯ka̤	ተለውክሙ ፡	ta̤la̤u̯kkə́mŭ
	ተሎከ ፡	ta̤lᵘ́ōka̤	ተሎክሙ ፡	ta̤lᵘokkə́mŭ
2. f.	ተለውኪ ፡	ta̤lá̤u̯kĭ	ተለውክን ፡	ta̤la̤u̯kə́n
	ተሎኪ ፡	ta̤lᵘ́ōkĭ	ተሎክን ፡	ta̤lᵘŏkə́n
1.	ተለውኩ ፡	ta̤lá̤u̯kŭ	ተለውነ ፡	ta̤lá̤u̯na̤
	ተሎኩ ፡	ta̤lᵘ́ōkŭ	ተሎነ ፡	ta̤lᵘ́ōna̤

Imperfekt-Indikativ.

	Sing.		Plur.	
3. m.	ይተሉ ፡	*i̯ᵊtá̤llü̆*	ይተልዉ ፡	*i̯ᵊta̤llᵊu̯ü̆* [1]
3. f.	ትተሉ ፡	*tətá̤llü̆*	ይተልዋ ፡	*i̯ᵊta̤llᵊu̯ă* [1]
2. m.	ትተሉ ፡	*tətá̤llü̆*	ትተልዉ ፡	*təta̤llᵊu̯ü̆* [1]
2. f.	ትተልዊ ፡	*təta̤llᵊu̯ĭ̆* [1]	ትተልዋ ፡	*təta̤llᵊu̯ă* [1]
1.	እተሉ ፡	*ʾətá̤llü̆*	ንተሉ ፡	*nətá̤llü̆* .

Subjunktiv-Jussiv.

	Sing.		Plur.	
3. m.	ይትሉ ፡	*i̯ə́tlü̆*	ይትልዉ ፡	*i̯ətlᵊu̯ü̆* [1]
3. f.	ትትሉ ፡	*tə́tlü̆*	ይትልዋ ፡	*i̯ətlᵊu̯ă* [1]
2. m.	ትትሉ ፡	*tə́tlü̆*	ትትልዉ ፡	*tətlᵊu̯ü̆* [1]
2. f.	ትትልዊ ፡	*tətlᵊu̯ĭ̆* [1]	ትትልዋ ፡	*tətlᵊu̯ă* [1]
1.	እትሉ ፡	*ʾə́tlü̆*	ንትሉ ፡	*nə́tlü̆*

Imperativ.

	Sing.		Plur.	
m.	ትሉ ፡	*tə́lü̆*	ትልዉ ፡	*təlᵊu̯ü̆* [1]
f.	ትልዊ ፡	*təlᵊu̯ĭ̆* [1]	ትልዋ ፡	*təlᵊu̯ă* [1]

Verba tertiae *u̯* et mediae laryngalis.

Imperfekt-Indikativ.

	Sing.		Plur.	
3. m.	ይከዑ ፡	*i̯ᵊkə́ʿü̆*	ይከዕዉ ፡	*i̯ᵊkəʿᵊu̯ü̆* [1]
3. f.	ትከዑ ፡	*təkə́ʿü̆*	ይከዕዋ ፡	*i̯ᵊkəʿᵊu̯ă* [1]
2. m.	ትከዑ ፡	*təkə́ʿü̆*	ትከዕዉ ፡	*təkəʿᵊu̯ü̆* [1]
2. f.	ትከዕዊ ፡	*təkəʿᵊu̯ĭ̆* [1]	ትከዕዋ ፡	*təkəʿᵊu̯ă* [1]
1.	እከዑ ፡	*ʾəkə́ʿü̆*	ንከዑ ፡	*nəkə́ʿü̆*

Subjunktiv-Jussiv.

	Sing.		Plur.	
3. m.	ይክዐው ፡	*i̯ə́kʿău̯*	ይክዐዉ ፡	*i̯əkʿắu̯ü̆*
3. f.	ትክዐው ፡	*tə́kʿău̯*	ይክዐዋ ፡	*i̯əkʿắu̯ă*
2. m.	ትክዐው ፡	*tə́kʿău̯*	ትክዐዉ ፡	*təkʿắu̯ü̆*
2. f.	ትክዐዊ ፡	*təkʿắu̯ĭ̆*	ትክዐዋ ፡	*təkʿắu̯ă*
1.	እክዐው ፡	*ʾə́kʿău̯*	ንክዐው ፡	*nə́kʿău̯*

---

[1] In allen diesen Formen lautet *ᵊu̯* vielfach wie *ü*, also *-űĭ̆*, *-űü̆*, *-űă* (siehe oben Seite 16).

Imperativ.

	Sing.		Plur.	
m.	ከዐው ፡	*ka̤'ău̯*	ከዐዉ ፡	*ka̤'áu̯ŭ*
f.	ከዐዊ ፡	*ka̤'áu̯ĭ*	ከዐዋ ፡	*ka̤'áu̯ă*

Subjunktiv-Jussiv von tertiae *u̯* — intransitiv.

	Sing.		Plur.	
3. m.	ይፍተው ፡	*i̯ə́fta̤u̯*	ይፍተዉ ፡	*i̯əftá̤u̯ŭ*
	ይፍቶ ፡	*i̯ə́ftᵘŏ*		
3 f.	ትፍተው ፡	*tə́fta̤u̯*	ይፍተዋ ፡	*i̯əftá̤u̯ă*
	ትፍቶ ፡	*tə́ftᵘŏ*		
2. m.	ትፍተው ፡	*tə́fta̤u̯*	ትፍተዉ ፡	*təftá̤u̯ŭ*
	ትፍቶ ፡	*tə́ftᵘŏ*		
2. f.	ትፍተዊ ፡	*təftá̤u̯ĭ*	ትፍተዋ ፡	*təftá̤u̯ă*
1.	እፍተው ፡	*'ə́fta̤u̯*	ንፍተው ፡	*nə́ftá̤u̯*
	እፍቶ ፡	*'ə́ftᵘŏ*	ንፍቶ ፡	*nə́ftᵘŏ*

Imperativ.

	Sing.		Plur.	
m.	ፍተው ፡	*fə́ta̤u̯*	ፍተዉ ፡	*fətá̤u̯ŭ*
	ፍቶ ፡	*fə́tᵘŏ*		
f.	ፍተዊ ፡	*fətá̤u̯ĭ*	ፍተዋ ፡	*fətá̤u̯ă*

Die übrigen Stämme.

	I. 2.		I. 3.	
Perf.	ፈነወ ፡	*fa̤nná̤u̯a*	ላሐወ ፡	*lăḥáu̯a̤*
Impf.-Ind.	ይፌኑ ፡	*i̯ᵊfi̯énnŭ*	ይላሑ ፡	*i̯ᵊláḥŭ*
Subj.-Juss.	ይፈኑ ፡	*i̯ᵊfá̤nnŭ*		
Imper.	ፈኑ ፡	*fá̤nnŭ*	ላሑ ፡	*láḥŭ*

	II. 1.		II. 2.	
Perf.	አትለወ ፡	*'atlá̤u̯a̤*	አዘመወ ፡	*'ăza̤mmá̤u̯a̤*
Impf.-Ind.	ያትሉ ፡	*i̯ătá̤llŭ*	ያዜሙ ፡	*i̯ăzi̯émmŭ*
Subj.-Juss.	ያትሉ ፡	*i̯átlŭ*	ያዘሙ ፡	*i̯ăzá̤mŭ*
Imper.	አትሉ ፡	*'átlŭ*	አዘሙ ፡	*'ăzá̤mŭ*

III. 3.

Perf.	አጸመወ ፡	*'ăṣ'ămáu̯a̤*
Impf.-Ind.	ያጸሙ ፡	*i̯ăṣ'ámmŭ*
Subj.-Juss.	ያጸሙ ፡	*i̯ăṣ'ámŭ*
Imper.	አጸሙ ፡	*'ăṣ'ámŭ*

III. 1.

Perf.	ተፈትወ ፡	*tafátua*	ተዐደወ ፡	*ta’ădáua*
Impf.-Ind.	ይትፈተው ፡	*i̯ətfáttau*	ይትዐደው ፡	*i̯ət’ăddau*
	ይትፈቶ ፡	*i̯ətfáttᵘŏ*	ይትዐዶ ፡	*i̯ət’ăddᵘŏ*
Subj.-Juss.	ይትፈተው ፡	*i̯ətfátau*	ይትዐደው ፡	*i̯ət’ădau*
	ይትፈቶ ፡	*i̯ətfátᵘŏ*	ይትዐዶ ፡	*i̯ət’ădᵘŏ*
Imper.	ተፈተው ፡	*tafátau*	ተዐደው ፡	*ta’ădau*
	ተፈቶ ፡	*tafátᵘŏ*	ተዐዶ ፡	*ta’ădᵘŏ*

	III. 2.		III. 3.	
Perf.	ተጸገወ ፡	*taṣ’aggáua*	ተታለወ ፡	*tatăláua*
Impf.-Ind.	ይጼገው ፡	*i̯əṣṣ’iĕggau*	ይታለው ፡	*i̯əttállau*
	ይጼጎ ፡	*i̯əṣṣ’iĕggᵘŏ*	ይታሎ ፡	*i̯əttállᵘŏ*
Subj.-Juss.	ይጸገው ፡	*i̯əṣṣ’ágau*	ይታለው ፡	*i̯əttálau*
	ይጸጎ ፡	*i̯əṣṣ’ágᵘŏ*	ይታሎ ፡	*i̯əttálᵘŏ*
Imper.	ተጸገው ፡	*taṣ’ágau*	ተታለው ፡	*tatálau*
	ተጸጎ ፡	*taṣ’ágᵘŏ*	ተታሎ ፡	*tatálᵘŏ*

	IV. 2.		IV. 3.	
Perf.	አስተሰፈወ ፡	*’àstasaffáua*	አስተፋነወ ፡	*’àstafănáua*
Impf.-Ind.	ያስተሴፉ ፡	*i̯àstasiĕffŭ*	ያስተፋኑ ፡	*i̯àstáfánnŭ*
Subj.-Juss.	ያስተሰፉ ፡	*i̯àstasáfŭ*	ያስተፋኑ ፡	*i̯àstafánŭ*
Imper.	አስተሰፉ ፡	*’àstasi̯fŭ*	አስተፋኑ ፡	*’àstafánŭ*

Verba tertiae i̯.

Transitiver Grundstamm.

Perfekt.

	Sing.		Plur.	
3. m.	ከረየ ፡	*karái̯a*	ከረዩ ፡	*karái̯ŭ*
3. f.	ከረየት ፡	*karái̯at*	ከረያ ፡	*karái̯ă*
2. m.	ከረይከ ፡	*karái̯ka*	ከረይከሙ ፡	*karai̯kkəmŭ*
2. f.	ከረይኪ ፡	*karái̯kĭ*	ከረይክን ፡	*karai̯kən*
1.	ከረይኩ ፡	*karái̯kŭ*	ከረይና ፡	*karái̯na*

Imperfekt-Indikativ.

	Sing.		Plur.	
3. m.	ይከሪ፡	*i̯ᵊká̤rrī̆*	ይከርዩ፡	*i̯ᵊka̤rrᵊi̯ū̆*[1]
3. f.	ትከሪ፡	*tᵊká̤rrī̆*	ይከርያ፡	*i̯ᵊka̤rrᵊ́i̯ă*[1]
2. m.	ትከሪ፡	*tᵊká̤rrī̆*	ትከርዩ፡	*tᵊka̤rrᵊ́i̯ū̆*[1]
2. f.	ትከርዪ፡	*tᵊka̤rrᵊ́i̯ī̆*[1]	ትከርያ፡	*tᵊka̤rrᵊ́i̯ă*[1]
1.	እከሪ፡	*'ᵊká̤rrī̆*	ንከሪ፡	*nᵊká̤rrī̆*

Subjunktiv-Jussiv.

	Sing.		Plur.	
3. m.	ይከሪ፡	*i̯ᵊ́krī̆*	ይከርዩ፡	*i̯ᵊkrᵊ́i̯ū̆*[1]
3. f.	ትከሪ፡	*tᵊ́krī̆*	ይከርያ፡	*i̯ᵊkrᵊ́i̯ă*[1]
2. m.	ትከሪ፡	*tᵊ́krī̆*	ትከርዩ፡	*tᵊkrᵊ́i̯ū̆*[1]
2. f.	ትከርዪ፡	*tᵊkrᵊ́i̯ī̆*[1]	ትከርያ፡	*tᵊkrᵊ́i̯ă*[1]
1.	እከሪ፡	*'ᵊ́krī̆*	ንከሪ፡	*nᵊ́krī̆*

Imperativ.

	Sing.		Plur.	
m.	ከሪ፡	*kᵊ́rī̆*	ከርዩ፡	*kᵊrᵊ́i̯ū̆*[1]
f.	ከርዪ፡	*kᵊrᵊ́i̯ī̆*[1]	ከርያ፡	*kᵊrᵊ́i̯ă*[1]

Intransitiver Grundstamm.

Perfekt.

	Sing.		Plur.	
3. m.	ዐብየ፡	*'ắbi̯a̤*	ዐብዩ፡	*'ắbi̯ū̆*
3. f.	ዐብየት፡	*'ắbi̯a̤t*	ዐብያ፡	*'ắbi̯ă*
2. m.	ዐበይከ፡	*'ắbá̤i̯ka̤*	ዐበይክሙ፡	*'ăba̤i̯kkᵊ́mū̆*
2. f.	ዐበይኪ፡	*'ăbá̤i̯kī̆*	ዐበይክን፡	*'ăba̤i̯kᵊ́n*
1.	ዐበይኩ፡	*'ăbá̤i̯kū̆*	ዐበይና፡	*'ăbá̤i̯na̤*

Subjunktiv-Jussiv.

	Sing.		Plur.	
3. m.	ይዕበይ፡	*i̯ᵊ́'ba̤i̯*	ይዕበዩ፡	*i̯ᵊ'bá̤i̯ū̆*
3. f.	ትዕበይ፡	*tᵊ́'ba̤i̯*	ይዕበያ፡	*i̯ᵊ'bá̤i̯ă*
2. m.	ትዕበይ፡	*tᵊ́'ba̤i̯*	ትዕበዩ፡	*tᵊ'bá̤i̯ū̆*
2. f.	ትዕበዪ፡	*tᵊ'bá̤i̯ī̆*	ትዕበያ፡	*tᵊ'bá̤i̯ă*
1.	እዕበይ፡	*'ᵊ́'ba̤i̯*	ንዕበይ፡	*nᵊ́'ba̤i̯*

[1] In allen diesen Formen lautet *ᵊi̯* vielfach wie *ī*, also *-ī̆ī̆*, *-ī́ū̆*, *-ī́ă* (siehe oben Seite 16).

Imperativ.

	Sing.		Plur.	
m.	ዕበይ ፡	'ə̌bai̯	ዕበዩ ፡	'əbái̯ŭ
f.	ዕበዪ ፡	'əbái̯ĭ	ዕበያ ፡	'əbái̯ă

Verba tertiae i̯ et mediae laryngalis[1].

Perfekt.

	Sing.		Plur.	
3. m.	ርእየ ፡	rə'ə́i̯a (rə́'i̯a)	ርእዩ ፡	rə'ə́i̯ŭ (rə́'i̯ŭ)
3. f.	ርእየት ፡	rə'ə́i̯at (rə́'i̯at)	ርእያ ፡	rə'ə́i̯ă (rə́'i̯ă)
2. m.	ርኢከ ፡	rə'íka	ርኢክሙ ፡	rə'ikkə́mŭ
2. f.	ርኢኪ ፡	rə'íkĭ	ርኢክን ፡	rə'ĭkə́n
1.	ርኢኩ ፡	rə'íkŭ	ርኢነ ፡	rə'ína

Subjunktiv-Jussiv.

	Sing.		Plur.	
3. m.	ይርዐይ ፡	i̯ə́r'ăi̯	ይርዐዩ ፡	i̯ər'ái̯ŭ
3. f.	ትርዐይ ፡	tə́r'ăi̯	ይርዐያ ፡	i̯ər'ái̯ă
2. m.	ትርዐይ ፡	tə́r'ăi̯	ትርዐዩ ፡	tər'ái̯ŭ
2. f.	ትርዐዪ ፡	tər'ái̯ĭ	ትርዐያ ፡	tər'ái̯ă
1.	እርዐይ ፡	'ə́r'ăi̯	ንርዐይ ፡	nə́r'ăi̯

Imperativ.

	Sing.		Plur.	
m.	ረዐይ ፡	rạ́'ăi̯	ረዐዩ ፡	rạ'ái̯ŭ
f.	ረዐዪ ፡	rạ'ái̯ĭ	ረዐያ ፡	rạ'ái̯ă

Die übrigen Stämme.

	I. 2.		I. 3.	
Perf.	ሠነየ ፡	sạnnạ́i̯ạ	ሣቀየ ፡	săḳ'ạ́i̯ạ
Impf.-Ind.	ይሤኒ ፡	i̯ᵊsiénnĭ	ይሣቂ ፡	i̯ᵊsā́ḳḳ'ĭ
Subj.-Juss.	ይሠኒ ፡	i̯ᵊsạ́nnĭ	ይሣቂ ፡	i̯ᵊsā́ḳ'ĭ
Imper.	ሠኒ ፡	sạ́nnĭ	ሣቂ ፡	sā́ḳ'ĭ

	II. 1.		II. 2.	
Perf.	አስተየ ፡	'astạ́i̯ạ	አሠነየ ፡	'ăsạnnạ́i̯ạ
Impf.-Ind.	ያስቲ ፡	i̯ăsạ́ttĭ	ያሤኒ ፡	i̯ăsiénnĭ
Subj.-Juss.	ያስቲ ፡	i̯ā́stĭ	ያሠኒ ፡	i̯ăsạ́nĭ
Imper.	አስቲ ፡	'ā́stĭ	አሠኒ ፡	'ăsạ́nĭ

[1] Das Paradigma ውዕየ ፡ (primae u̯, mediae laryngalis, tertiae i̯) habe ich nicht notiert.

II. 3.

Perf.	አዋከየ ፡	*'ăṷăkạ̈i̯ạ̈*
Impf.-Ind.	ያዋኪ ፡	*i̯ăṷā́kki̋*
Subj.-Juss.	ያዋኪ ፡	*i̯ăṷā́ki̇̆*
Imper.	አዋኪ ፡	*'ăṷā́ki̇̆*

	III. 1.		III. 2.	
Perf.	ተኀርየ ፡	*tạ̈ḫā́ri̯ạ̈*	ተሠነየ ፡	*tạ̈sạ̈nnạ̈́i̯ạ̈*
Impf.-Ind.	ይትኀረይ ፡	*i̯əthā́rrạ̈i̯*	ይሤነይ ፡	*i̯əssi̯énnạ̈i̯*
Subj.-Juss.	ይትኀረይ ፡	*i̯əthā́rạ̈i̯*	ይሠነይ ፡	*i̯əssạ̈́nạ̈i̯*
Imper.	ተኀረይ ፡	*tạ̈ḫā́rạ̈i̯*	ተሠነይ ፡	*tạ̈sạ̈́nạ̈i̯*

III. 3.

Perf.	ተጋነየ ፡	*tạ̈gănạ̈́i̯ạ̈*
Impf.-Ind.	ይትጋነይ ፡	*iətgā́nnạ̈i̯*
Subj.-Juss.	ይትጋነይ ፡	*i̯ətgā́nạ̈i̯*
Imper.	ተጋነይ ፡	*tạ̈gā́nạ̈i̯*

	IV. 1.		IV. 2.	
Perf.	አስተስረየ ፡	*'ȧstạ̈srạ̈́i̯ạ̈*	አስተረሰየ ፡	*'ȧstạ̈rạ̈ssạ̈́i̯ạ̈*
Impf.-Ind.	ያስተሰሪ ፡	*i̯ȧstạ̈sạ̈́rri̇̆*	ያስተሬሲ ፡	*i̯ȧstạ̈ri̯éssi̇̆*
Subj.-Juss.	ያስተስሪ ፡	*i̯ȧstạ̈́sri̇̆*	ያስተረሲ ፡	*i̯ȧstạ̈rạ̈́si̇̆*
Imper.	አስተስሪ ፡	*'ȧstạ̈́sri̇̆*	አስተረሲ ፡	*'ȧstạ̈rạ̈́si̇̆*

IV. 3.

Perf.	አስተሣነየ ፡	*'ȧstạ̈sănạ̈́i̯a*
Impf.-Ind.	ያስተሣኒ ፡	*i̯ȧstạ̈sā́nni̇̆*
Subj.-Juss.	ያስተሣኒ ፡	*i̯ȧstạ̈sā́ni̇̆*
Imper.	አስተሣኒ ፡	*'ȧstạ̈sā́ni̇̆*

VIII.

Anhängung der Objektsuffixe an das Verbum.

1. An 3. sg. m. Perf. ነገረ ፡

	Sing.-Suff.		Plur.-Suff.	
1.	ነገረኒ ፡	*nạ̈gạ̈rạ̈́nni̇̆*	ነገረነ ፡	*nạ̈gạ̈rạ̈́nnạ̈*
2. m.	ነገረከ ፡	*nạ̈gạ̈rạ̈́kkạ̈*	ነገረከሙ ፡	*nạ̈gạ̈rạ̈kkə́mŭ̇* [1]
2. f.	ነገረኪ ፡	*nạ̈gạ̈rạ̈́kki̇̆*	ነገረከን ፡	*nạ̈gạ̈rạ̈k(k)ə́n* [2]
3. m.	ነገሮ ፡	*nạ̈gạ̈rᵘ̯ō̇*	ነገሮሙ ፡	*nạ̈gạ̈rᵘ̯ṓmŭ̇*
3. f.	ነገራ ፡	*nạ̈gạ̈rā́*	ነገሮን ፡	*nạ̈gạ̈rᵘ̯ṓn*

[1] Siehe oben S. 24. [2] Siehe oben Seite 25 und 38, sowie Cohen S. 259.

2. An 3. sg. f. Perf. ነገረት ፡

	Sing.-Suff.		Plur.-Suff.	
1.	ነገረተኒ ፡	na̤ga̤ra̤ttá̤nnĭ [1]	ነገረተነ ፡	na̤ga̤ra̤ttá̤nna̤
2. m.	ነገረተከ ፡	na̤ga̤ra̤ttá̤kka̤	ነገረተከሙ ፡	na̤ga̤ra̤tta̤kkə́mŭ
2. f.	ነገረተኪ ፡	na̤ga̤ra̤ttá̤kkĭ	ነገረተከን ፡	na̤ga̤ra̤tta̤k(k)ə́n
3. m.	ነገረቶ ፡	na̤ga̤ra̤ttᵘṓ [2]	ነገረቶሙ ፡	na̤ga̤ra̤ttᵘṓmŭ
3. f.	ነገረታ ፡	na̤ga̤ra̤ttā́ [2]	ነገረቶን ፡	na̤ga̤ra̤ttᵘṓn [2]

3. An 2. sg. m. Perf. ነገርከ ፡

	Sing.-Suff.		Plur.-Suff.	
1.	ነገርከኒ ፡	na̤ga̤rkká̤nnĭ	ነገርከነ ፡	na̤ga̤rkká̤nna̤
3. m.	ነገርኮ ፡	na̤ga̤rkkᵘṓ	ነገርኮሙ ፡	na̤ga̤rk(k)ᵘṓmŭ [3]
	ነገርከሁ ፡	na̤ga̤rkkăhū́		
3. f.	ነገርካ ፡	na̤ga̤rkkā́	ነገርኮን ፡	na̤ga̤rk(k)ᵘṓn [3]
	ነገርከሃ ፡	na̤ga̤rkkăhā́		

4. An 2. sg. f. Perf. ነገርኪ ፡

	Sing.-Suff.		Plur.-Suff.	
1.	ነገርክኒ ፡	na̤ga̤rk(k)ə́nnĭ [4]	ነገርክነ ፡	na̤ga̤rk(k)ənna̤
3. m.	ነገርክዮ ፡	na̤ga̤rk(k)í̯ᵘŏ [5]	ነገርክዮሙ ፡	na̤ga̤rk(k)ì̯ᵘṓmŭ [5]
3. f.	ነገርክያ ፡	na̤ga̤rk(k)í̯ă [5]	ነገርክዮን ፡	na̤ga̤rk(k)í̯ᵘon [5]

5. An 1. sg. Perf. ነገርኩ ፡

	Sing.-Suff.		Plur.-Suff.	
2. m.	ነገርኩከ ፡	na̤ga̤rkū́ka̤	ነገርኩከሙ ፡	na̤ga̤rkukkə́mŭ
2. f.	ነገርኩኪ ፡	na̤ga̤rkū́kĭ	ነገርኩከን ፡	na̤ga̤rkŭk(k)ə́n
2. m.	ነገርክዎ ፡	na̤ga̤rkū́u̯ŏ [6]	ነገርክዎሙ ፡	na̤ga̤rkùu̯ṓmŭ [6]
3. f.	ነገርክዋ ፡	na̤ga̤rkū́u̯ă [6]	ነገርክዎን ፡	na̤ga̤rkū́u̯on [6]

---

1 Siehe oben S. 22.

2 Manche mit Druck auf der Pänultima; siehe oben Seite 37, Anm. 2.

3 Bei diesen beiden Formen bezeichnete Blatta Heruï die Verdoppelung des *k* als ለማድ ፡, d. h. nur als üblich, bei allen anderen als allgemeingültig.

4 Bei allen diesen 6 Formen sprach Aleka Taje nur e i n *k*, während Blatta Heruï die Verdoppelung auch hier als ለማድ ፡, als vielfach üblich bezeichnete.

5 »i̯ verdoppelt — Akzent auf der vorletzten Silbe« (Aleka Taje und Blatta Heruï); siehe oben S. 23 und 38.

6 »u̯ verdoppelt — Akzent auf der vorletzten Silbe« (beide Gewährsmänner).

6. An 3. pl. m. Perf. ነገሩ ፡

	Sing.-Suff.		Plur.-Suff.	
1.	ነገሩኒ ፡	*na̤ga̤rū́nĭ̆*	ነገሩነ ፡	*na̤ga̤rū́na̤*
2. m.	ነገሩከ ፡	*na̤ga̤rū́ka̤*	ነገሩከሙ ፡	*na̤ga̤rukkə́mŭ̆* [2]
2. f.	ነገሩኪ ፡	*na̤ga̤rū́kĭ̆*	ነገሩክን ፡	*na̤ga̤rŭ̆k(k)ə́n*
3. m.	ነገርዎ ፡	*na̤ga̤rū́u̥ō* [1]	ነገርዎሙ ፡	*na̤ga̤rù̥ṓmŭ̆* [1]
3. f.	ነገርዋ ፡	*na̤ga̤rū́u̥ă* [1]	ነገርዎን ፡	*na̤ga̤rū́u̥on* [1]

7. An 3. pl. f. Pers. ነገራ ፡

	Sing.-Suff.		Plur.-Suff.	
1.	ነገራኒ ፡	*na̤ga̤rā́nĭ̆* [3]	ነገራነ ፡	*na̤ga̤rā́na̤* [3]
2. m.	ነገራከ ፡	*na̤ga̤rā́ka̤* [3]	ነገራከሙ ፡	*na̤ga̤rakkə́mŭ̆* [4]
2. f.	ነገራኪ ፡	*na̤ga̤rā́kĭ̆* [3]	ነገራክን ፡	*na̤ga̤răk(k)ə́n* [4]
3. m.	ነገራሁ ፡	*na̤ga̤răhū́*	ነገራሆሙ ፡	*na̤ga̤răhᵘṓmŭ̆*
3. f.	ነገራሃ ፡	*na̤ga̤răhā́*	ነገራሆን ፡	*na̤ga̤răhᵘṓn*

8. An 2. m. pl. Perf. ነገርክሙ ፡

	Sing.-Suff.		Plur.-Suff.	
1.	ነገርክሙኒ ፡	*na̤ga̤rkkəmū́nĭ̆*	ነገርክሙነ ፡	*na̤ga̤rkkəmū́na̤*
3. m.	ነገርክምዎ ፡	*na̤ga̤rkkəmū́u̥ŏ̆* [5]	ነገርክምዎሙ ፡	*na̤ga̤rkkəmù̥ṓmŭ̆* [5]
3. f.	ነገርክምዋ ፡	*na̤ga̤rkkəmū́u̥ă* [5]	ነገርክምዎን ፡	*na̤ga̤rkkəmū́u̥on* [5]

9. An 2. f. pl. Perf. ነገርክን ፡

	Sing.-Suff.		Plur.-Suff.	
3. m.	ነገርክሁ ፡	*na̤ga̤rkăhū́*	ነገርክሆሙ ፡	*na̤ga̤rkăhᵘṓmŭ̆*
	ነገርክናሁ ፡	*na̤gà̤rkənăhū́*	ነገርክናሆሙ ፡	*na̤gà̤rkənăhᵘṓmŭ̆*
3. f.	ነገርክሃ ፡	*na̤ga̤rkăhā́*	ነገርክሆን ፡	*na̤ga̤rkăhᵘṓn*
	ነገርክናሃ ፡	*na̤gà̤rkənăhā́*	ነገርክናሆን ፡	*na̤gà̤rkənăhᵘṓn*

---

[1] Von diesen Formen gilt das S. 75, Anm. 6, Gesagte.

[2] Siehe Seite 24 unten.

[3] So Blatta Heruï; Aleka Taje verdoppelte bei diesen Formen das *n* bzw. *k* und sprach *na̤ga̤ránnĭ̆*, *na̤ga̤rákka̤*, *na̤ga̤rákkĭ̆*, *na̤ga̤ránna̤*, *na̤ga̤rakkəmū*, *na̤ga̤rakkə́n*.

[4] Hier auch Blatta Heruï mit doppeltem *k*; siehe oben S. 25.

[5] Siehe oben S. 23 und 38.

10. An 1. pl. Perf. ነገርን ፡

	Sing.-Suff.		Plur.-Suff.	
3. m.	ነገርናክ ፡	n̤a̤ga̤rnắka̤ [1]	ነገርናክሙ ፡	n̤a̤ga̤rnakkə́mŭ̈
2. f.	ነገርናኪ ፡	n̤a̤ga̤rnắkĭ̈ [1]	ነገርናክን ፡	n̤a̤ga̤rnăk(k)ə́n
3. m.	ነገርናሁ ፡	n̤a̤ga̤rnăhū́	ነገርናሆሙ ፡	n̤a̤ga̤rnăhᵘṓmŭ̈
3. f.	ነገርናሃ ፡	n̤a̤ga̤rnăhā́	ነገርናሆን ፡	n̤a̤ga̤rnăhᵘṓn

11. An 3. m. sg. Impf. ይነግር ፡

	Sing.-Suff.		Plur.-Suff.	
1.	ይነግረኒ ፡	i̭ᵊn̤a̤ggərá̤nnĭ̈	ይነግረነ ፡	i̭ᵊn̤a̤ggərá̤nna̤
2. m.	ይነግረክ ፡	i̭ᵊn̤a̤ggərá̤kka̤	ይነግረክሙ ፡	i̭ᵊn̤a̤ggəra̤kkə́mŭ̈
2. f.	ይነግረኪ ፡	i̭ᵊn̤a̤ggerá̤kkı	ይነግረክን ፡	i̭ᵊn̤a̤ggəra̤k(k)ə́n [2]
3. m.	ይነግሮ ፡	i̭ᵊn̤a̤ggərᵘṓ	ይነግሮሙ ፡	i̭ᵊn̤a̤ggərᵘṓmŭ̈
3. f.	ይነግራ ፡	i̭ᵊn̤a̤ggərā́	ይነግሮን ፡	i̭ᵊn̤a̤ggərᵘṓn

12. An 3. f. und 2. m. sg. Impf. ትነግር ፡

	Sing.-Suff.		Plur.-Suff.	
1.	ትነግረኒ ፡	tən̤a̤ggərá̤nnĭ̈	ትነግረነ ፡	tən̤a̤ggərá̤nna̤
2. m.	ትነግረክ ፡ [3]	tən̤a̤ggərá̤kka̤	ትነግረክሙ ፡ [3]	tən̤a̤ggəra̤kkə́mŭ̈
2. f.	ትነግረኪ ፡ [3]	tən̤a̤ggərá̤kkĭ̈	ትነግረክን ፡ [3]	tən̤a̤ggəra̤k(k)ə́n [2]
3. m.	ትነግሮ ፡	tən̤a̤ggərᵘṓ	ትነግሮሙ ፡	tən̤a̤ggərᵘṓmŭ̈
3. f.	ትነግራ ፡	tən̤a̤ggərā́	ትነግሮን ፡	tən̤a̤ggərᵘṓn

13. An 2. f. sg. Impf. ትነግሪ ፡

	Sing.-Suff.		Plur.-Suff.	
1.	ትነግርኒ ፡	tən̤a̤ggərə́nnĭ̈ (-ínnĭ̈)	ትነግርነ ፡	tən̤a̤ggərə́nna̤ (-ínna̤)
3. m.	ትነግርዮ ፡	tən̤a̤ggərı́i̭ᵘŏ̈ [4]	ትነግርዮሙ ፡	tən̤a̤ggərı̀i̭ᵘṓmŭ̈ [4]
3. f.	ትነግርያ ፡	tən̤a̤ggərı́i̭ă [4]	ትነግርዮን ፡	tən̤a̤ggərı́i̭ᵘon [4]

---

[1] Hier sprach Aleka Taje bei den Singularsuffixen ebenfalls doppeltes *k*, Blatta Heruï wie oben. Er bezeichnete die Verdoppelung als vielfach üblich, aber nicht allgemein.

[2] Siehe oben S. 25 und 38 und Cohen S. 259.

[3] Gilt nur für die 3. f. sg.

[4] Vgl. S. 75, Anm. 5.

14. An 1. sg. Impf. እነግር ፡

	Sing.-Suff.		Plur.-Suff.	
2. m.	እነግረከ ፡	'ənaggərákka	እነግረክሙ ፡	'ənaggərakkə́mŭ
2. f.	እነግረኪ ፡	'ənaggərákkĭ	እነግረክን ፡	'ənaggərak(k)ə́n [1]
3. m.	እነግሮ ፡	'ənaggərᵘó	እነግሮሙ ፡	'ənaggərᵘómŭ
3. f.	እነግራ ፡	'ənaggərā́	እነግሮን ፡	'ənaggərᵘón

15. An 3. m. pl. Impf. ይነግሩ ፡ [2]

	Sing.-Suff.		Plur.-Suff.	
1.	ይነግሩኒ ፡	jᵊnaggərū́nĭ [3]	ይነግሩነ ፡	jᵊnaggərū́na
2. m.	ይነግሩከ ፡	jᵊnaggərū́ka	ይነግሩክሙ ፡	jᵊnaggərukkə́mŭ
2. f.	ይነግሩኪ ፡	jᵊnaggərū́kĭ	ይነግሩክን ፡	jᵊnaggərŭk(k)ə́n
3. m.	ይነግርዎ ፡	jᵊnaggərū́uŏ [4]	ይነግርዎሙ ፡	jᵊnaggərùuṓmŭ
3. f.	ይነግርዋ ፡	jᵊnaggərū́uă [1]	ይነግርዎን ፡	jᵊnaggərū́uon [4]

16. An 3. f. pl. Impf. ይነግራ ፡ [5]

	Sing.-Suff.		Plur.-Suff.	
1.	ይነግራኒ ፡	jᵊnaggərā́nĭ [3]	ይነግራነ ፡	jᵊnaggərā́na
2. m.	ይነግራከ ፡	jᵊnaggərā́ka	ይነግራክሙ ፡	jᵊnaggərakkə́mŭ
2. f.	ይነግራኪ ፡	jᵊnaggərā́kĭ	ይነግራክን ፡	jᵊnaggərăk(k)ə́n
3. m.	ይነግራሁ ፡	jᵊnaggərăhū́	ይነግራሆሙ ፡	jᵊnaggərăhᵘṓmŭ
3. f.	ይነግራሃ ፡	jᵊnaggərăhā́	ይነግራሆን ፡	jᵊnaggərăhᵘṓn

17. An 1. pl. Imper. ንነግር ፡

	Sing.-Suff.		Plur.-Suff.	
2. m.	ንነግረከ ፡	nənaggərákka	ንነግረክሙ ፡	nənaggərakkə́mŭ
2. f.	ንነግረኪ ፡	nənaggərákkĭ	ንነግረክን ፡	nənaggərak(k)ə́n
3. m.	ንነግሮ ፡	nənaggərᵘṓ	ንነግሮሙ ፡	nənaggərᵘṓmŭ
3. f.	ንነግራ ፡	nənaggərā́	ንነግሮን ፡	nənaggərᵘṓn

[1] Vgl. S. 77, Anm. 2.

[2] Genau so lauten die Suffixe an ትነግሩ ፡ (2. m. pl. Impf.).

[3] Bei allen diesen Formen sprachen beide Gewährsmänner den mittleren Radikal doppelt. Blatta Heruï setzte demgemäß ein Tašdīd darüber. — Littmann II. 696 hat *jənag(g)ərū́na* usw., *jənag(g)ərā́na* usw.

[4] Vgl. S. 75, Anm. 6.

[5] Genau so lauten die Suffixe an ትነግራ ፡ (2. f. pl. Impf.).

18. An 3. m. sg. Subj.-Juss. ይንገር ፡ [1]

	Sing.-Suff.		Plur.-Suff.	
1.	ይንገረኒ ፡	*i̯əngərā̤nnĭ*	ይንገረነ ፡	*i̯əngərā̤nna̤*
2. m.	ይንገርክ ፡	*i̯əngə́rka̤*	ይንገርክሙ ፡	*i̯əngərkkə́mŭ*
2. f.	ይንገርኪ ፡	*i̯əngə́rkĭ*	ይንገርክን ፡	*i̯əngərk(k)ə́n*
3. m.	ይንገሮ ፡	*i̯əngə́rrᵘŏ* [2]	ይንገሮሙ ፡	*i̯əngərrᵘṓmŭ* [2]
3. f.	ይንገራ ፡	*i̯əngə́rră* [2]	ይንገሮን ፡	*i̯əngə́rrᵘon* [2]

19. An Imper. m. sg. ንገር ፡

	Sing.-Suff.		Plur.-Suff.	
1.	ንገረኒ ፡	*nəgrā̤nnĭ*	ንገረነ ፡	*nəgrā̤nna̤*
3. m.	ንገሮ ፡	*nəgə́rrᵘŏ* [2]	ንገሮሙ ፡	*nəgərrᵘṓmŭ* [2]
3. f.	ንገራ ፡	*nəgə́rră* [2]	ንገሮን ፡	*nəgə́rrᵘon* [2]

20. An Imper. f. sg. ንገሪ ፡

	Sing.-Suff.		Plur.-Suff.	
1.	ንገርኒ ፡	*nəgrə́nnĭ* (*-ínnĭ*)	ንገርነ ፡	*nəgrə́nna̤* (*-ínna̤*)
3. m.	ንገርዮ ፡	*nəgrī́i̯ᵘŏ* [3]	ንገርዮሙ ፡	*nəgrī̀i̯ᵘṓmŭ* [3]
3. f.	ንገርያ ፡	*nəgrī́i̯ă* [3]	ንገርዮን ፡	*nəgrī́i̯ᵘon* [3]

21. An Imper. m. pl. ንገሩ ፡

	Sing.-Suff.		Plur.-Suff.	
1.	ንገሩኒ ፡	*nəgrū́nĭ*	ንገሩነ ፡	*nəgrū́na̤*
3. m.	ንገርዎ ፡	*nəgrū́u̯ŏ* [4]	ንገርዎሙ ፡	*negrū̀u̯ṓmŭ* [4]
3. f.	ንገርዋ ፡	*nəgrū́u̯ă* [4]	ንገርዎን ፡	*nəgrū́u̯on* [4]

22. An Imper. f. pl. ንገራ ፡

	Sing.-Suff.		Plur.-Suff.	
1.	ንገራኒ ፡	*nəgrā́nĭ*	ንገራነ ፡	*nəgrā́na̤*
3. m.	ንገራሁ ፡	*nəgrăhū́*	ንገራሆሙ ፡	*nəgrăhᵘṓmŭ*
3. f.	ንገራሃ ፡	*nəgrăhā́*	ንገራሆን ፡	*nəgrăhᵘṓn*

[1] Genau so lauten die Suffixe an den übrigen Personen ትንገር ፡ usw.

[2] Siehe oben Seite 22 und 38.

[3] Siehe S. 75, Anm. 5.

[4] Siehe S. 75, Anm. 6.

IX.

Äthiopische Texte mit phonetischer Umschrift.

I.

Genesis Kap. I—IV.

ኦሪት ፡ ዘልደት ።

1.

፩ በቀዳሚ ፡ ገብረ ፡ እግዚአብሔር ፡ ሰማየ ፡ ወምድረ ።
፪ ወምድርሰ ፡ ኢታስተርኢ ፡ ወኢኮነት ፡ ድሉተ ፡ ወጽልመት ፡ መልዕልተ ፡
ቀላይ ፡ ወመንፈሰ ፡ እግዚአብሔር ፡ ይጼልል ፡ መልዕልተ ፡ ማይ ።
፫ ወይቤ ፡ እግዚአብሔር ፡ ለይኩን ፡ ብርሃን ፡ ወኮነ ፡ ብርሃን ።
፬ ወርእዮ ፡ እግዚአብሔር ፡ ለብርሃን ፡ ከመ ፡ ሠናይ ፡ ወፈለጠ ፡ እግዚአብ
ሔር ፡ ማእከለ ፡ ብርሃን ፡ ወማእከለ ፡ ጽልመት ።
፭ ወሰመዮ ፡ እግዚአብሔር ፡ ለብርሃን ፡ ዕለተ ፡ ወለጽልመት ፡ ሌሊተ ፡ ወኮ
ነ ፡ ሌሊተ ፡ ወጸብሐ ፡ ወኮነ ፡ መዓልተ ፡ ፩ ።
፮ ወይቤ ፡ እግዚአብሔር ፡ ለይኩን ፡ ጠፈር ፡ ማእከለ ፡ ማይ ፡ ከመ ፡ ይፍል
ጥ ፡ ማእከለ ፡ ማይ ፡ ወኮነ ፡ ከማሁ ።

ᵘŏrī́t zạlədạ́t

1.

1 *bạḳ'ạdắmí gạ́ƀrạ 'əgzĭ̆abhḗr sạmắịạ ụạmə́drạ.*

2 *ụạmə̀drᵊssạ́ 'ĭ̆tắstạrə́'ĭ̆ ụạ'ĭ̆kᵘṓnạt dəllṹtạ*[1] *ụạṣ'əlmạ́t mạľ'əltạ‿ḳ'ạlắị ụạmạnfạsạ‿'əgzĭ̆aƀhḗr ịəṣ'ⁱéllal mạľ'əltạ‿mắị.*

3 *ụạịᵊhⁱé 'əgzĭ̆aƀhḗr lạịə́kun bərhắn*[2] *ụạkᵘṓnạ ƀərhắn.*

4 *ụạrə'əiᵘṓ 'əgzĭ̆abhḗr lạƀərhắn kạmạ‿sạnnắị ụạfạlạ́ṭ'ạ 'əgzĭ̆aƀhēr mà̆ⁱkạlạ‿ƀərhắn ụạmà̆ⁱkạlạ‿ṣ'əlmạ́t.*

5 *ụạsạmạịᵘṓ 'əgzĭ̆aƀhḗr lạƀərhắn 'əlạ́tạ ụạlạṣ'əlmạ́t lĭ̆ĕlĭ́tạ ụạkᵘṓnạ lĭ̆ĕlĭ́tạ ụạṣ'ạ́ƀhă ụạkᵘṓnạ mạ'ắltạ*[3] *'ăhădắ.*

6 *ụạịᵊƀⁱé 'əgzĭ̆aƀhḗr lạịə́kun ṭ'ạfạ́r*[4] *mà̆ⁱkạlạ‿mắị kạmạ‿ịə́fləṭ mà̆ⁱkạlạ‿mắị ụạkᵘṓnạ kạmăhṹ.*

---

[1] So Aleka Taje. — Blatta Heruï: *dəlṹtạ*. — Im ersten Falle ist die Form von I. 2., im zweiten von I. 1. abgeleitet; siehe oben Seite 27.

[2] Nach Blatta Heruï haben die beiden Worte Einheitsdruck: *lạịə́kun‿bərhắn.*

[3] Mitunter klang das Wort mehr wie *mạ'ắltạ*; vgl. oben Seite 15.

[4] Nach Blatta Heruï haben die beiden Worte Einheitsdruck: *lạịə́kun‿ṭ'ạfạ́r*

፯ ወገብረ ፡ እግዚአብሔር ፡ ጠፈረ ፡ ወፈለጠ ፡ እግዚአብሔር ፡ ማእከለ ፡ ማ
ይ ፡ ዘታሕተ ፡ ጠፈር ፡ ወማእከለ ፡ ማይ ፡ ዘመልዕልተ ፡ ጠፈር ።
፰ ወሰመዮ ፡ እግዚአብሔር ፡ ለውእቱ ፡ ጠፈር ፡ ሰማየ ፡ ወርእየ ፡ እግዚአብ
ሔር ፡ ከመ ፡ ሠናይ ፡ ወኮነ ፡ ሌሊተ ፡ ወጸብሐ ፡ ወኮነ ፡ ካልእተ ፡ ዕለተ ።
፱ ወይቤ ፡ እግዚአብሔር ፡ ለይትጋባእ ፡ ማይ ፡ ዘመትሕተ ፡ ሰማይ ፡ ውስተ ፡
አሐዱ ፡ መካን ፡ ወያስተርኢ ፡ የብስ ፡ ወኮነ ፡ ከማሁ ፡ ወተጋብአ ፡ ማ
ይ ፡ ውስተ ፡ ምእላዲሁ ፡ ወአስተርአየ ፡ የብስ ።
፲ ወሰመዮ ፡ እግዚአብሔር ፡ ለየብስ ፡ ምድረ ፡ ወለምእላዲሁ ፡ ለማይ ፡ ሰመ
ዮ ፡ ባሕረ ፡ ወርእየ ፡ እግዚአብሔር ፡ ከመ ፡ ሠናይ ።
፲፩ ወይቤ ፡ እግዚአብሔር ፡ ለታብቍል ፡ ምድር ፡ ሐመልማለ ፡ ሣዕር ፡ ዘይዘ
ራእ ፡ በበዘርኡ ፡ ወበበዘመዱ ፡ ወዘበበ ፡ አምሳሊሁ ፡ ወዕፀወ ፡ ዘይፈሪ ፡
ወይገብር ፡ ፍሬሁ ፡ ዘእምውስቴቱ ፡ ዘርኡ ፡ ዘይወፅእ ፡ ዘይከውን ፡ በ
በዘመዱ ፡ ዲበ ፡ ምድር ፡ ወኮነ ፡ ከማሁ ።
፲፪ ወአውፅአት ፡ ምድር ፡ ሐመልማለ ፡ ሣዕር ፡ ዘይዘራእ ፡ ዘርኡ ፡ ዘበበዘመ
ዱ ፡ ወበበአርአያሁ ፡ ወዕፀወ ፡ ዘይፈሪ ፡ ወይገብር ፡ ፍሬሁ ፡ ዘእምው
ስቴቱ ፡ ዘርእ ፡ ዘይከውን ፡ በበዘመዱ ፡ መልዕልተ ፡ ምድር ፡ ወርእየ ፡
እግዚአብሔር ፡ ከመ ፡ ሠናይ ።

7 *u̯agábra ʾəgzĭabhér ṭ'afára u̯afaláṭ'a ʾəgzĭabhér màị̆kala‿mā̆i̯ zatàhta‿ṭ'afár*
u̯amài̯kala‿mā̆i̯ zamal'əlta‿ṭ'afár.

8 *u̯asamai̯ᵘō̆ ʾəgzĭabhér lau̯əʾətŭ ṭ'afár samā̆i̯a u̯arəʾə̆i̯a ʾəgzĭabhér kama‿sannā̆i̯*
u̯akᵘō̆na lĭĕlĭta u̯aṣ'ábhă u̯akᵘō̆na kălə̆ʾta ʾəláta.

9 *u̯ai̯ᵊbĭé ʾəgzĭabhér lai̯ətgā̆bă mā̆i̯ zamatəhta‿samā̆i̯ u̯ᵘsta‿ăhădū̆ makā̆n u̯ai̯àstarə̆ʾi̯*
i̯ábs u̯akᵘō̆na kamăhū̆ u̯atagā̆bə̆ʾă mā̆i̯ u̯ᵘsta‿məʾəllădĭhū̆[1] *u̯aʾàstarʾā̆i̯a i̯ábs.*

10 *u̯asamai̯ᵘō̆ ʾəgzĭabhér lai̯ábs mə́dra u̯alaməʾəllădĭhū̆ lamā̆i̯ samai̯ᵘō̆ bā̆hra u̯arəʾə̆i̯a*
ʾəgzĭabhér kama‿sannā̆i̯.

11 *u̯ai̯ᵊbĭé ʾəgzĭabhér latā̆bḳ'ul mə́dr̥ hămalmàla‿sā̆ⁱr̥*[2] *zai̯əzzárră babbazarʾū̆*
u̯abbabazamadū̆ u̯azabbabba‿ʾamsàlĭhū̆ u̯aʾəṣʾáu̯a zai̯əfárrĭ u̯ai̯ᵊgábbər fərⁱĕhū̆
zaʾumu̯ᵘstⁱĕtū̆ zarʾū̆ zai̯ᵊu̯áṣṣʾə(ʾ) zai̯ᵊkáu̯u̯ən babbazamadū̆ dĭba‿mə́dr̥ u̯akᵘō̆na
kamăhū̆.

12 *u̯aʾău̯ṣʾə́at mə́dr̥ hămalmàla‿sā̆ⁱər zai̯əzzarră zarʾū̆ zabbabbazamadū̆ u̯abbabbaʾărʾă-*
i̯ăhū̆ u̯aʾəṣʾáu̯a zai̯ᵊfárrĭ u̯ai̯ᵊgábbər fərⁱĕhū̆ zaʾumu̯ᵘstⁱĕtū̆ zăr zai̯ᵊkáu̯u̯ən babbaza-
madū̆ malʾəlta‿mə́dr̥ u̯arəʾə̆i̯a ʾəgzĭabhēr kama‿sannā̆i̯.

[1] Meine beiden Gewährsmänner sprachen ein doppeltes *l*; das Substantiv kommt von **አለደ ፡** I. 2. »sammeln«; vgl. oben S. 28.

[2] Das Wort klingt bald so, bald wie *sā̆ⁱər*; siehe oben Seite 39.

፲፫ ወኮነ ፡ ሌሊተ ፡ ወጸብሐ ፡ ወኮነ ፡ ሣልስተ ፡ ዕለተ ።

፲፬ ወይቤ ፡ እግዚአብሔር ፡ ይኩኑ ፡ ብርሃናት ፡ ውስተ ፡ ጠፈረ ፡ ሰማይ ፡ ከመ ፡ ያብርሁ ፡ ዲበ ፡ ምድር ፡ ወይፍልጡ ፡ ማእከለ ፡ ዕለት ፡ ወማእከለ ፡ ሌሊት ፡ ወይኩኑ ፡ ለተአምር ፡ ወለዘመን ፡ ወለመዋዕል ፡ ወለዓመታት ።

፲፭ ወይኩኑ ፡ ለአብርሆ ፡ ውስተ ፡ ጠፈረ ፡ ሰማይ ፡ ከመ ፡ ያብርሁ ፡ ዲበ ፡ ምድር ፡ ወኮነ ፡ ከማሁ ።

፲፮ ወገብረ ፡ እግዚአብሔር ፡ ብርሃናተ ፡ ክልኤተ ፡ ዐበይተ ፡ ዘየዐቢ ፡ ብርሃን ፡ ከመ ፡ ይምልክ ፡ መዐልተ ፡ ወዘይንእስ ፡ ብርሃን ፡ ከመ ፡ ይምልክ ፡ ሌሊተ ፡ ምስለ ፡ ከዋክብቲሁ ።

፲፯ ዋሤሞሙ ፡ እግዚአብሔር ፡ ውስተ ፡ ጠፈረ ፡ ሰማይ ፡ ከመ ፡ ያብርሁ ፡ ዲበ ፡ ምድር ።

፲፰ ወይኰንንዋ ፡ ለዕለት ፡ ወለሌሊትኒ ፡ ወይፍልጡ ፡ ማእከለ ፡ ሌሊት ፡ ወማእከለ ፡ ብርሃን ፡ ወርእየ ፡ እግዚአብሔር ፡ ከመ ፡ ሠናይ ።

፲፱ ወኮነ ፡ ሌሊተ ፡ ወጸብሐ ፡ ወኮነ ፡ ራብዕተ ፡ ዕለተ ።

፳ ወይቤ ፡ እግዚአብሔር ፡ ለታውፅእ ፡ ማይ ፡ ዘይትሐወስ ፡ ዘቦ ፡ መንፈሰ ፡ ሕይወት ፡ ወአዕዋፈ ፡ ዘይሰርር ፡ መልዕልተ ፡ ምድር ፡ ወመትሐተ ፡ ሰማይ ፡ ወኮነ ፡ ከማሁ ።

---

13 *u̯ak*ᵘ*ṓnạ lⁱĕlī́tạ u̯aṣ̌ạ́ƀhă u̯ak*ᵘ*ṓnạ sắlə̄stạ ʿəlạ́tạ.*

14 *u̯ai̯ᵊƀⁱé ʾəgzĭ̆aƀhḗr i̯ᵊkū́nŭ̆ ƀərhắnā́t u̯ᵘstạ‿ṭ'ạfạrạ‿sạmā́i̯ kạmạ‿i̯aƀrə́hŭ̆ dĭ̆ƀạ‿mə́dr̥ u̯ä̯i̯əflə́ṭ'ŭ̆ mä̀ⁱkạlạ‿ʾəlạ́t u̯ạmä̀ⁱkạlạ‿lⁱĕlī́t u̯ai̯ᵊkū́nŭ̆ lạtạʾắmə́r*[1] *u̯ạlạzạmạ́n u̯ạlạmạu̯ắʾə́l u̯ạlạʾắmạtā́t.*

15 *u̯ai̯ᵊkū́nŭ̆ lạʾaƀrᵊhᵘṓ u̯ᵘstạ‿ṭ'ạfạrạ‿sạmā́i̯ kạmạ‿i̯aƀrə́hŭ̆ dĭ̆ƀa‿mə́dr̥ u̯ạk*ᵘ*ṓnạ kạmắhū́.*

16 *u̯ạgạ́ƀrạ ʾəgzĭ̆aƀhḗr bərhắnā́tạ kələʾĕ̆tạ́ ʾabbạ́i̯tạ zại̯ạʾábbĭ̆ ƀərhā́n kạmặ‿i̯ə́mlək mạʾā́ltạ u̯ạzại̯ᵊnə́ʾəs bərhā́n kạmạ‿i̯ə́mlək lⁱĕlī́tạ mə̀slạ‿kạu̯ắkəƀtĭ̆hū́.*

17 *u̯asⁱĕ̆mᵘṓmŭ̆ ʾəgzĭ̆aƀhḗr u̯ᵘstạ‿ṭ'ạfạrạ‿sạmā́i̯ kạmạ‿i̯aƀrə́hŭ̆ dĭ̆ƀạ‿mə́dr̥.*

18 *u̯ai̯ᵊkᵘånnənū́u̯ă lạʾəlạ́t u̯ạlạlⁱĕlĭ̀tní u̯ai̯əflə́ṭ'ŭ̆ mä̀ⁱkạlạ‿lⁱĕlī́t u̯ämä̀ⁱkạlạ‿ƀərhā́n u̯ạrəʾə́i̯ạ ʾəgzĭ̆aƀhḗr kạmạ‿sạnnā́i̯.*

19 *u̯ak*ᵘ*ṓnạ lⁱĕlī́tạ u̯aṣ̌ạ́ƀhă u̯ak*ᵘ*ṓnạ rắƀə̄ʾtạ ʾəlạ́tạ.*

20 *u̯ai̯ᵊƀⁱé ʾəgzĭ̆aƀhḗr lạtā́u̯ṣ̌ʾə(ʾ) mā́i̯ zại̯əthā́u̯u̯ạs zạƀᵘṓ mạnfạsạ‿həi̯u̯ā́t u̯ạʾā̆ⁱu̯ā́fạ zại̯ᵊsạ́rrər mạlʿəltạ‿mə́dr̥ u̯ạmạtə̀htạ‿sạmā́i̯ u̯ạk*ᵘ*ṓnạ kạmắhū́.*

---

[1] So Blatta Heruï. — Aleke Taje: *lạtạʾā̀mə́r.*

፳፩ ወገብረ ፡ እግዚአብሔር ፡ ዐናብርተ ፡ ዐበይተ ፡ ወኵሎ ፡ ነፍሰ ፡ ሕይወት ፡
ዘይትሐወስ ፡ ዘአውፅአ ፡ ማይ ፡ በበዘመዱ ፡ ወኵሎ ፡ ዖፈ ፡ ዘይሰርር ፡
በበዘመዱ ፡ ወርእየ ፡ እግዚአብሔር ፡ ከመ ፡ ሠናይ ።

፳፪ ወባረኮሙ ፡ እግዚአብሔር ፡ ወይቤ ፡ ብዝኁ ፡ ወተባዝኁ ፡ ወምልእዋ ፡ ለ
ምድር ፡ ወአዕዋፍኒ ፡ ይብዝኁ ፡ ውስተ ፡ ምድር ።

፳፫ ወኮነ ፡ ሌሊተ ፡ ወጸብሐ ፡ ወኮነ ፡ ኃምስተ ፡ ዕለተ ።

፳፬ ወይቤ ፡ እግዚአብሔር ፡ ለታውፅእ ፡ ምድር ፡ ዘመደ ፡ እንስሳ ፡ ወዘይትሐ
ወስ ፡ ወአራዊተ ፡ ምድር ፡ ዘበበ ፡ ዘመዱ ፡ ወኮነ ፡ ከማሁ ።

፳፭ ወገብረ ፡ እግዚአብሔር ፡ እንስሳ ፡ ዘበበ ፡ ዘመዱ ፡ ወኵሎ ፡ ዘይትሐወስ ፡
ውስተ ፡ ምድር ፡ በበዘመዱ ፡ ወአራዊተ ፡ ምድር ፡ በበዘመዱ ፡ ወርእየ ፡
እግዚአብሔር ፡ ከመ ፡ ሠናይ ።

፳፮ ወይቤ ፡ እግዚአብሔር ፡ ንግበር ፡ ሰብአ ፡ በአርአያነ ፡ ወበአምሳሊነ ፡ ወ
ይኰንን ፡ ዓሣተ ፡ ባሕር ፡ ወአራዊተ ፡ ምድር ፡ ወአዕዋፈ ፡ ሰማይ ፡ ወ
እንስሳሂ ፡ ወኵሎ ፡ ምድረ ፡ ወአራዊተ ፡ ዘይትሐወስ ፡ ዲበ ፡ ምድር ።

፳፯ ወገብሮ ፡ እግዚአብሔር ፡ ለእጓለ ፡ እመሕያው ፡ በአምሳለ ፡ እግዚአብሔ
ር ፡ ተባዕተ ፡ ወአንስተ ፡ ገብሮሙ ።

---

21 *u̯a̯gá̯ƀra̯ 'əgzi̯ăƀhḗr 'ănăƀə́rta̯ 'abbá̯i̯ta̯ u̯a̯kulᵘṓ na̯fsa̯‿həi̯u̯ắt za̯i̯əthắu̯u̯a̯s za̯'ắu̯ṣ'ə́'ă mā́i̯ ba̯bba̯za̯ma̯dū́ u̯a̯kulᵘṓ ᵘṓfa̯ za̯i̯ᵊsá̯rrər ba̯bba̯za̯ma̯dū́ u̯a̯rə'ə́i̯a̯ 'əgzi̯ăƀhḗr ka̯ma̯‿sa̯nnā́i̯.*

22 *u̯a̯ƀăra̯kᵘṓmū̆ 'əgzi̯ăƀhḗr u̯a̯i̯ᵊƀi̯ḗ bəzə́hū̆ u̯a̯ta̯ƀăzə́hū̆ u̯a̯mələ'ū́u̯ă la̯mə́dṛ u̯a̯'ắi̯u̯ắfní i̯əƀzə́hū̆ u̯ᵘsta̯‿mə́dṛ.*

23 *u̯a̯kᵘṓna̯ lḗlī́ta̯ u̯a̯ṣ'á̯ƀhă u̯a̯kᵘṓna̯ hăməsta̯ 'əlá̯ta̯.*

24 *u̯a̯i̯ᵊƀi̯ḗ 'əgzi̯ăƀhḗr la̯tā́u̯ṣ'ə(') mə́dṛ za̯ma̯da̯‿'ənsəsā́ u̯a̯za̯i̯əthắu̯u̯a̯s u̯a̯'ărắu̯ìta̯‿mə́dṛ za̯bba̯bba̯‿za̯ma̯dū́ u̯a̯kᵘṓna̯ ka̯măhū́.*

25 *u̯a̯gá̯ƀra 'əgzi̯ăƀhḗr 'ənsəsā́ za̯bba̯bba̯‿za̯ma̯dū́ u̯a̯kulᵘṓ za̯i̯əthắu̯u̯a̯s u̯ᵘsta̯‿mə́dṛ ba̯bba̯za̯ma̯dū́ u̯a̯'ărắu̯ìta̯‿mə́dṛ ba̯bba̯za̯ma̯dū́ u̯a̯rə'ə́i̯a̯ 'əgzi̯ăƀhḗr ka̯ma̯‿sa̯nnā́i̯.*

26 *u̯a̯i̯ᵊƀi̯ḗ 'əgzi̯ăƀhḗr nə́gƀa̯r sá̯ƀ'ă ƀa̯'ar'ắi̯á̯na̯ u̯a̯ƀa̯'amsălī́na̯ u̯a̯i̯ᵊkᵘắnnən 'ăsàta̯‿ƀắhṛ u̯a̯'ărắu̯ìta̯‿mə́dṛ u̯a̯'ắi̯u̯ắfa̯‿sa̯mā́i̯ u̯a̯'ənsəsăhī́ u̯a̯kulᵘṓ mə́dra̯ u̯a̯'ărắu̯ī́ta̯ za̯i̯əthắu̯u̯a̯s dī̆ƀa̯‿mə́dṛ.*

27 *u̯a̯ga̯ƀrᵘṓ 'əgzi̯ăƀhḗr la̯'əgᵘàla̯‿'əm(m)a̯həi̯ắu̯*[1] *ba̯'amsàla̯‿'əgzi̯ăƀhḗr ta̯ƀắi̯ta̯ u̯a̯'ănə́sta̯ ga̯ƀrᵘṓmū̆.*

---

[1] Aleka Taje mit doppeltem *m*. — Blatta Heruï gab an, daß das Wort von manchen so, von den meisten aber mit einfachem *m* gesprochen werde. Er selbst bevorzugte die letztere Aussprache; vgl. oben S. 18.

፳፰ ወባረኮሙ ፡ እግዚአብሔር ፡ ወይቤሎሙ ፡ ብዝኁ ፡ ወተባዝኁ ፡ ወምልእዋ ፡ ለምድር ፡ ወቅንይዋ ፡ ወኰንንዎሙ ፡ ለዓሣተ ፡ ባሕር ፡ ወለአዕዋፈ ፡ ሰማይ ፡ ወለኵሉ ፡ እንስሳ ፡ ወለኵሉ ፡ ዘይትሐወስ ፡ ዲበ ፡ ምድር ።

፳፱ ወይቤ ፡ እግዚአብሔር ፡ ናሁ ፡ ወሀብኩክሙ ፡ ኵሎ ፡ ሳዕረ ፡ ዘይዘራእ ፡ ወይበቍል ፡ በዘርኡ ፡ ተዘሪኦ ፡ ዲበ ፡ ኵሉ ፡ ምድር ፡ ወኵሉ ፡ ዕፀው ፡ ዘሀሎ ፡ ውስቴቱ ፡ ዘርኡ ፡ ዘይዘራእ ፡ በፍሬሁ ፡ ለክሙ ፡ ውእቱ ፡ መብልዕ ፤

፴ ወለኵሉ ፡ አራዊተ ፡ ምድር ፡ ወለኵሉ ፡ አዕዋፈ ፡ ሰማይ ፡ ወለኵሉ ፡ ዘይትሐወስ ፡ ውስተ ፡ ምድር ፡ ዘቦ ፡ መንፈሰ ፡ ሕይወት ፡ ወኵሉ ፡ ሐመልማለ ፡ ሣዕር ፡ ይኩንክሙ ፡ መብልዐ ፡ ወኮነ ፡ ከማሁ ።

፴፩ ወርእየ ፡ እግዚአብሔር ፡ ኵሎ ፡ ዘገብረ ፡ ከመ ፡ ጥቀ ፡ ሠናይ ፡ ወኮነ ፡ ሌሊተ ፡ ወጸብሐ ፡ ወኮነ ፡ ሳድስተ ፡ ዕለተ ።

2.

፩ ወተፈጸመ ፡ ሰማይ ፡ ወምድር ።

፪ ወኵሎ ፡ ዓለመ ፡ ፈጸመ ፡ እግዚአብሔር ፡ ገቢረ ፡ ግብሮ ፡ ወአዕረፈ ፡ እግዚአብሔር ፡ በሳብዕት ፡ ዕለት ፡ እምኵሉ ፡ ግብሩ ።

፫ ወባረካ ፡ እግዚአብሔር ፡ ለዕለት ፡ ሳብዕት ፡ ወቀደሳ ፡ እስመ ፡ ባቲ ፡ አዕረፈ ፡ እምኵሉ ፡ ግብሩ ፡ ዘአኀዘ ፡ ይግበር ፡ እግዚአብሔር ።

---

28 *u̯ab̄ăraku̯ṓmŭ̄ ʾəgzĭ̄ab̄hḗr u̯ai̯əb̄iēlu̯ṓmŭ̄ b̄əzə́hŭ̄ u̯atab̄ăzə́hŭ̄ u̯aməlʾū́u̯ă lamə́dr̥ u̯aḳʾənəi̯ū́u̯ă u̯aku̯ánnənŭ̀u̯ṓmŭ̄ laʾăsā̀ta‿b̄áhr̥ u̯alaʾā̆i̯u̯ā̀fa‿samā́i̯ walakulū́ ʾənsəsā́ u̯alakulū́ zai̯əthā́u̯u̯as dĭ̄b̄a‿mə́dr̥.*

29 *u̯ai̯əb̄iḗ ʾəgzĭ̄ab̄hḗr năhū́ u̯ahab̄kukkə́mŭ̄ kulu̯ṓ sā́ʿra zai̯əzzárrā̆ u̯ai̯əb̄áḳḳʾul bazarʾū́ tazariu̯ṓ dĭ̄b̄a‿kulū́ mə́dr̥ u̯akulū́ ʾəṣʾáu̯ zahallu̯ṓ u̯ustiĕtū́ zarʾū́ zai̯əzzárrā̆ bafərʾēhū̄ lakkə́mū̆ u̯əʾətū́ mab̄lə́.*

30 *u̯alakulū́ ʾărăi̯ìta‿mə́dr̥ u̯alakulū́ ʾā̆i̯u̯ā̀fa‿samā́i̯ u̯alakulū́ zai̯əthā́u̯u̯as u̯usta‿mə́dr̥ zab̄u̯ṓ manfasa‿həi̯u̯ā́t u̯akulū́ hămalmā̀la‿sā́ʿər i̯əkunkkə́mŭ̄ mab̄lə́ʿā u̯aku̯ṓna kamăhū́.*

31 *u̯arəʾə́i̯a ʾəgzĭ̄ab̄hḗr kulu̯ṓ zagáb̄ra kama‿ṭʾəḳḳʾa‿sannā́i̯ u̯aku̯ṓna lēlíta u̯aṣʾáb̄hă u̯aku̯ṓna sădə́sta ʾəláta.*

2.

1 *u̯atafaṣṣʾáma samā́i̯ u̯amə́dr̥.*

2 *u̯akulu̯ṓ ʾăláma faṣṣʾáma ʾəgzĭ̄ab̄hḗr gab̄ìra‿gəb̄ru̯ṓ u̯aʾāʿráfa ʾəgzĭ̄ab̄hḗr basăb̄ə́ʿt ʾəlát ʾəmkulū́ gəb̄rū́.*

3 *u̯ab̄ărakā́ ʾəgzĭ̄ab̄hḗr laʾəlát săb̄ə́ʿt u̯aḳʾaddasā́ ʾəsma‿b̄àttī́ ʾāʿráfa ʾəmkulū́ gəb̄rū́ zaʾăhā́za i̯ə́gb̄ar ʾəgzĭ̄ab̄hḗr.*

፬ ዛቲ ፡ መጽሐፍ ፡ እንተ ፡ ፍጥረተ ፡ ሰማይ ፡ ወምድር ፡ አመ ፡ ኮነት ፡ ዕለ
ት ፡ እንተ ፡ ባቲ ፡ ገብረ ፡ እግዚአብሔር ፡ ሰማየ ፡ ወምድረ ፤

፭ ወኵሉ ፡ ሐመልማለ ፡ ሐቅል ፡ እምቅድመ ፡ ይኩን ፡ በምድር ፡ ወኵሉ ፡
ሐመልማለ ፡ ምድር ፡ እምቅድመ ፡ ይብቈል ፡ እስመ ፡ ኢያዝነመ ፡ እ
ግዚአብሔር ፡ ዲበ ፡ ምድር ፡ እምቅድመ ፡ ይትፈጠር ፡ እጓለ ፡ እመሕ
ያው ።

፮ አላ ፡ ነቅዐ ፡ ማይ ፡ የዐርግ ፡ ባሕቱ ፡ እምነ ፡ ምድር ፡ ወይሰቅያ ፡ ለየብስ ።

፯ ወገብሮ ፡ እግዚአብሔር ፡ ለሰብእ ፡ እምነ ፡ መሬተ ፡ ምድር ፡ ወነፍኀ ፡ ዲ
በ ፡ ገጹ ፡ መንፈሰ ፡ ሕይወት ፡ ወኮነ ፡ እጓለ ፡ እመሕያው ፡ ለመንፈሰ ፡
ሕይወት ።

፰ ወተከለ ፡ እግዚአብሔር ፡ ውስተ ፡ ኤዶም ፡ ገነተ ፡ ቅድመ ፡ መንገለ ፡ ጽ
ባሕ ፡ ወሤሞ ፡ ህየ ፡ ለእጓለ ፡ እመሕያው ፡ ዘገብረ ።

፱ ወአብቈለ ፡ ዓዲ ፡ እግዚአብሔር ፡ እምነ ፡ ምድር ፡ ኵሎ ፡ ዕፀወ ፡ ዘሠናይ ፡
ለበሊዕ ፡ ወሠናይ ፡ ለርእይ ፡ ወዕፀ ፡ ሕይወትኒ ፡ ማእከለ ፡ ገነት ፡ ወዕፀ
ኒ ፡ ዘያርኢ ፡ ወያሌቡ ፡ ሠናየ ፡ ወእኩየ ።

፲ ወፈለግ ፡ ይወፅእ ፡ እምነ ፡ ቅድሜሁ ፡ ከመ ፡ ይስቅያ ፡ ለገነት ፡ ወእምህየ ፡
ይትፈለጥ ፡ ለአርባዕቱ ፡ መአዝነ ፡ ዓለም ።

---

4 *zàttí maṣ̌hắf ʾəntạ‿fəṭʾràtạ‿sạmắị̆ ụạmə́dṛ ʾắmạ‿kᵘṓnạt ʾəlạ́t ʾəntạ‿ƀàttí ụạ́ƀrạ ʾəgzĭ̆aƀhḗr sạmắị̆ạ ụạmə́drạ.*

5 *ụạkulū́ hắmạlmàlạ‿hák̇ʾḷ ʾəmk̇ʾədmạ‿ị̆ə́kun bạmə́dṛ ụạkulū́ hắmạlmàlạ‿mə́dṛ ʾəmk̇ʾədmạ‿ị̆ə́ƀk̇ʾᵘắl ʾəsmạ‿ʾĭ̆ị̆aznạ́mạ ʾəgzĭ̆aƀhḗr dĭ̆ƀạ‿mə́dṛ ʾəmk̇ʾədmạ‿ị̆ət-fạ́ṭṭʾạr ʾəgᵘàlạ‿ʾəm(m)ạhəị̆ắụ.*

6 *ʾàlắ‿nạk̇ʾắ‿mắị̆ ị̆ạʾắrrəg bàhtū́ ʾəmənnạ‿mə́dṛ ụạị̆ᵊsạk̇k̇ʾəị̆ắ lạị̆ạ́ƀs.*

7 *ụạgạƀrᵘṓ ʾəgzĭ̆aƀhḗr lạsạ́ƀ ʾəmənnạ‿mạrⁱètạ‿mə́dṛ ụạnạ́fhắ dĭ̆ƀạ‿gạṣ̌ʾū́ mạnfạsạ‿həị̆ụắt ụạkᵘṓnạ ʾəgᵘàla‿ʾəm(m)ạhəị̆ắụ lạmạnfạsạ‿həị̆ụắt.*

8 *ụạtạkạ́la ʾəgzĭ̆aƀhḗr ụᵘstạ‿ʾéᵈᵘom gạnnạ́tạ k̇ʾədmạ‿mạngạlạ‿ṣ̌əƀắh ụạsⁱĕ̆mᵘṓ həị̆ạ́ lạʾəgᵘàlạ‿ʾəm(m)ạhəị̆ắụ zạgạ́ƀrạ.*

9 *ụạʾaƀk̇ʾᵘắlạ ʾădí ʾəgzĭ̆aƀhḗr ʾəmennạ‿mədṛ kulᵘṓ ʾəṣ̌ʾạ́ụạ zạsạnnắị̆ lạƀạlí ụạsạnnắị̆ lạrəʾị̆́ị̆[1] ụạʾəṣ̌ʾạ‿həị̆ụàtní mắʾkạlạ‿gạnnạ́t ụạʾəṣ̌ʾạní zạị̆ắrə̆ʾĭ̆ ụạị̆ắlⁱébbŭ̆ sạnnắị̆ạ ụạʾəkkū́ị̆ạ.*

10 *ụạfạlạ́g ị̆ᵊụạ́ṣṣ̌ʾə ʾəmə̀nnạ‿k̇ʾədmⁱĕ̆hū́ kạmạ‿ị̆əsk̇ʾə́ị̆ị̆ắ lạgạnnạ́t ŭạʾəmhəị̆ạ́ ị̆ətfạ́llạṭʾ lạʾarƀắⁱtū́ mạʾăzənạ‿ʾălạm.*

[1] So beide Gewährsmänner; vgl. Seite 88, Anm. 1.

፲፩ ስሙ ፡ ለአሐዱ ፡ ፈለግ ፡ ፊሶን ፡ ውእቱ ፡ ዘየዐውድ ፡ ውስተ ፡ ኵሉ ፡ ምድ
ረ ፡ ኤውላጦን ፡ ወህየ ፡ ኀበ ፡ ሀሎ ፡ ወርቅ ።

፲፪ ወወርቃ ፡ ለይእቲ ፡ ምድር ፡ ሠናይ ፡ ወህየ ፡ ሀሎ ፡ ዕንቍ ፡ ዘየኀቱ ፡ ወዕን
ቍ ፡ ሐመልሚል ።

፲፫ ወስሙ ፡ ለካልእ ፡ ፈለግ ፡ ጌዮን ፡ ውእቱ ፡ ዘየዐውድ ፡ ኵሎ ፡ ምድረ ፡ ኢ
ትዮጵያ ።

፲፬ ወፈለግ ፡ ሣልስ ፡ ጤግሮስ[1] ፡ ውእቱ ፡ ዘየሐውር ፡ ላዕለ ፡ ፋርስ ፤ ወፈለግ ፡
ራብዕ ፡ ውእቱ ፡ ኤፍራጥስ ።

፲፭ ወነሥአ ፡ እግዚአብሔር ፡ ለእጓለ ፡ እመሕያው ፡ ዘገብረ ፡ ወሤሞ ፡ ውስ
ተ ፡ ገነት ፡ ከመ ፡ ይትገበራ ፡ ወይዕቀባ ።

፲፮ ወአዘዞ ፡ እግዚአብሔር ፡ ለአዳም ፡ ወይቤሎ ፡ እምኵሉ ፡ ዕፅ ፡ ዘሀሎ ፡ ው
ስተ ፡ ገነት ፡ ብላዕ ።

፲፯ ወእምዕፅሰ ፡ ዘያሌቡ ፡ ሠናየ ፡ ወእኩየ ፡ ኢትብላዕ ፡ እምኔሁ ፡ እስመ ፡ በ
ዕለት ፡ እንተ ፡ ትበልዑ ፡ እምኔሁ ፡ ሞተ ፡ ትመውቱ ።

፲፰ ወይቤ ፡ እግዚአብሔር ፡ ኢኮነ ፡ ሠናይ ፡ ለእጓለ ፡ እመሕያው ፡ ይንበር ፡
ባሕቲቱ ፡ ንግበር ፡ሎቱ ፡ ቢጸ ፡ ዘይረድኦ ።

፲፱ ወገብረ ፡ እግዚአብሔር ፡ ዓዲ ፡ አራዊተ ፡ ገዳም ፡ እምነ ፡ ምድር ፡ ኵሎ ፡
አራዊተ ፡ ገዳም ፡ ወኵሎ ፡ አዕዋፈ ፡ ሰማይ ፡ ወአምጽኦሙ ፡ ኀበ ፡ አ

[1] So, nicht ጤግርስ ፡, lasen meine beiden Gewährsmänner.

11 *səmū́ la̤ʾăhădū́ fa̤lá̤g fīsᵘṓn u̯əʾətū́ za̤i̯a̤ʾā́u̯u̯əd u̯ᵘsta̤‿kulū́ mədra̤‿ʾēu̯lā́ṭᵘṓn u̯a̤hə̤i̯á*
hăba̤‿hallᵘṓ u̯ā́rḳʾ.

12 *u̯a̤u̯ā́rḳʾā́ la̤i̯əʾətī́ mə́dr̥ sa̤nnā́i u̯a̤həi̯á hallᵘṓ ʾə́nḳʾᵘ za̤i̯a̤hā́ttū́ u̯a̤ʾə́nḳʾᵘ hăma̤lmī́l.*

13 *u̯a̤səmū́ la̤kā̆lə́(ʾ) fa̤lá̤g gⁱēi̯ᵘon u̯əʾətū́ za̤i̯a̤ʾā́u̯u̯əd kulᵘṓ mədra̤‿ʾītĭi̯ᵘṑp̣i̯ā́.*

14 *u̯a̤fa̤lá̤g sā̆lə́s ṭʾⁱēgə́rᵘos u̯əʾətū́ za̤i̯a̤hā́u̯u̯ər lā́ʾəla̤‿fā́rs u̯a̤fa̤lá̤g rā̆bə́(ʾ) u̯əʾətū́ ʾe̤frā̄ṭʾəs.*

15 *u̯a̤na̤sᵘṓ ʾəgzīabhḗr la̤ʾəgᵘā̀la̤‿əm(m)a̤həi̯ā́u̯*[1] *za̤gā́bra̤ u̯a̤sⁱēmᵘṓ u̯ᵘsta̤‿ga̤nnā́t*
ka̤ma̤‿i̯ətgabbā́rrā̆[2] *u̯a̤i̯əʾḳʾā́bbā̆*[2].

16 *u̯a̤ʾazza̤zᵘṓ ʾəgzīabhḗr la̤ʾaddā́m u̯a̤i̯ᵊbⁱēlᵘṓ ʾəmkulū́ ʾə́ṣ̌ za̤hallᵘṓ u̯ᵘsta̤‿ga̤nnā́t bə́lā̆.*

17 *u̯a̤ʾəmʾə́ṣ̌ʾᵊssá za̤i̯ā́lⁱēbbū́ sa̤nnā́i̯a̤ u̯a̤ʾəkkū́i̯a̤ ʾītə́blā̆ ʾəmənnⁱēhū́ ʾəsma̤‿ba̤ʾəlā́t ʾənta̤‿*
təba̤lə́ʾū ʾəmənnⁱēhū́ mᵘṓta̤ təma̤u̯u̯ə́tū́.

18 *u̯a̤i̯ᵊbⁱē ʾəgzīabhḗr ʾīkᵘṓna̤ sa̤nnā́i̯ la̤ʾəgᵘā̀la̤‿ʾəm(m)a̤həi̯ā́u̯ i̯ə́nba̤r bā̀htītū́ nə́gba̤r*
lᵘṑttū́ bī́ṣ̌ʾa̤ za̤i̯ᵊra̤ddəᵘṓ.

19 *u̯a̤gā́bra̤ ʾəgzīabhḗr ʾắdí ʾărā̆u̯ìta̤‿ga̤dā́m ʾəmənna̤‿mə́dr̥ kulᵘṓ ʾărā̆u̯ìta̤‿ga̤dā́m*
u̯a̤kulᵘṓ ʾā̆i̯u̯ā̀fa̤‿sa̤mā́i̯ u̯a̤ʾamṣ̌ʾəᵘṓmū́ hăba̤‿ʾaddā́m ka̤ma̤‿i̯ə́rʾā̆i̯ mə́nta̤

[1] Siehe oben Seite 18. [2] Siehe Seite 21 unten und 22, Punkt 3.

ዳም ፡ ከ[illegible] ፡ ይርአይ ፡ ምንተ ፡ ይሰምዮሙ ፡ ወኵሎ ፡ ዘሰመዮሙ ፡ አ
ዳም ፡ ለለነፍሰ ፡ ሕይወት ፡ ውእቱ ፡ ይኩን ፡ ስሞሙ ።

፳ ወሰመዮሙ ፡ አዳም ፡ ኵሎ ፡ አስማቲሆሙ ፡ ለእንስሳ ፡ ወለአዕዋፈ ፡ ሰማ
ይ ፡ ወለኵሉ ፡ አራዊተ ፡ ገዳም ፡ ወለአዳምሰ ፡ ኢተረክበ ፡ ረድኤቱ ፡
ዘከማሁ ።

፳፩ ወፈነወ ፡ እግዚአብሔር ፡ ድቃሰ ፡ ላዕለ ፡ አዳም ፡ ወኖመ ፡ ወነሥአ ፡ አሐ
ደ ፡ እምዐፅመ ፡ ገቦሁ ፡ ወመልአ ፡ ሥጋ ፡ መከና ።

፳፪ ወነደቃ ፡ እግዚአብሔር ፡ ለይእቲ ፡ ዐፅመ ፡ ገቦ ፡ እንተ ፡ ነሥኣ[1] ፡ እምነ ፡
አዳም ፡ ወረሰያ ፡ ብእሲቶ ፡ ወአምጽኣ ፡ ኀበ ፡ አዳም ።

፳፫ ወይቤ ፡ አዳም ፡ ዝንቱ ፡ ውእቱ ፡ ዐፅም ፡ እምዐፅምየ ፡ ወሥጋ ፡ እምሥጋ
የ ፡ ዛቲ ፡ ለትኩነኒ ፡ ብእሲትየ ፡ እስመ ፡ እምታ ፡ ወፅአት ፡ ይእቲ ።

፳፬ ወበእንተ ፡ ዝንቱ ፡ የኀድግ[2] ፡ ብእሲ ፡ አባሁ ፡ ወእሞ ፡ ወይተልዋ[3] ፡ ለብ
እሲቱ ፡ ወይከውኑ ፡ ክልኤሆሙ ፡ አሐደ ፡ ሥጋ ።

፳፭ ወሀለዉ ፡ አዳም ፡ ወብእሲቱ ፡ ዕራቃኒሆሙ ፡ ወኢየኀፍሩ ።

1 ነሥኣ ፡, nicht ነሥአ ፡, bezeichneten Aleka Taje und Blatta Heruï als richtige LA.

2 So, nicht ይኀድግ ፡, lasen meine beiden Gewährsmänner.

3 Auch hier bezeichneten meine Gewährsmänner den Indikativ, nicht den Jussiv. als die überlieferte LA.

i̯ᵊsạmməi̯ᵘṓmŭ̋ u̯ạkulᵘṓ zạsạmại̯ᵘṓmŭ̋ ʾaddā́m lạllạnạfsạ‿həi̯u̯ā́t u̯əʾə̄tŭ̋ i̯ə́kun səmᵘṓmŭ̋.

20 *u̯ạsạmại̯ᵘṓmŭ̋ ʾaddā́m kulᵘṓ ʾasmăti̋hᵘṓmŭ̋ lạʾənsəsā́ u̯ạlạʾău̯ā́fạ‿sạmā́i̯ u̯ạlạkulū́ ʾārău̯itạ‿gạdā́m u̯ạlạʾaddā́mᵊssạ́ ʾi̋tạrạ́kƀạ rạdʾētū́ zạkạmăhū́.*

21 *u̯ạfannạ́u̯ạ ʾəgzi̋aƀhḗr dəḳʾā́sạ lā́ʾəlạ‿ʾaddā́m u̯ạnᵘṓmạ u̯ạnạ́sʾa ʾăhā́dạ ʾəmʾaṣmạ‿gạƀᵘṓhū́ u̯ạmạ́lʾă səgā́ mạkạnā́.*

22 *u̯ạnạdạḳʾā́ ʾəgzi̋aƀhḗr lại̯əʾə́tī̋ ʾaṣmạ‿gạƀᵘṓ ʾəntạ‿nạsʾā́ ʾəmənnạ‿ʾaddā́m u̯ạrạssại̯ā́ bəʾəsi̋tᵘṓ u̯ạʾamṣʾəʾā́ hăƀạ‿ʾaddā́m.*

23 *u̯ại̯ᵊƀi̯ḗ ʾaddā́m zəntū́ u̯əʾə́tū́ ʾáṣm ʾəmʾaṣmə́i̯ạ u̯ạsəgā́ ʾəmsəgā́i̯ạ zā̀tti̋ lạtəkū̋nạ́nni̋ bəʾəsi̋təi̯ạ ʾəsmạ‿ʾəmmətā́ u̯ā́ṣʾat i̯əʾə́tī̋.*

24 *u̯ạƀạʾəntạ‿zəntū́ i̯ạhā́ddəg bəʾəsí ʾabbăhū́ u̯ạʾəm(m)ᵘṓ u̯ại̯ətạllū́u̯ă lạƀəʾəsi̋tū́ u̯ại̯ᵊkạu̯u̯ə́nŭ̋ kəlʾĕ̋hᵘṓmŭ̋ ʾăhā́dạ́ səgā́.*

25 *u̯ạhallạ́u̯ŭ̋ ʾaddā́m u̯ạƀəʾəsi̋tū́ ʾərăḳʾăni̋hᵘṓmŭ̋ u̯ạʾi̋i̯ạhaffə́rŭ̋.*

3.

፩ ወአርዌ ፡ ምድርሰ ፡ እምኵሉ ፡ ትጠብብ ፡ እምነ ፡ ኵሉ ፡ አርዌ ፡ ዘውስተ ፡ ምድር ፡ ዘገብረ ፡ እግዚአብሔር ፡ ወትቤላ ፡ አርዌ ፡ ምድር ፡ ለብእሲት ፡ ምንትኑ ፡ ውእቱ ፡ ዘይቤለክሙ ፡ እግዚአብሔር ፡ ኢትብልዑ ፡ እምዕፀ ፡ ዘውስተ ፡ ገነት ።

፪ ወትቤላ ፡ ብእሲት ፡ ለአርዌ ፡ ምድር ፡ እምነ ፡ ዕፀ ፡ ዘይፈሪ ፡ ውስተ ፡ ገነ ት ፡ ንበልዕ ።

፫ ወእምነ ፡ ፍሬ ፡ ዕፀሰ ፡ ባሕቲቱ ፡ ዘሀሎ ፡ ማእከለ ፡ ገነት ፡ ይቤለነ ፡ እግዚአ ብሔር ፡ ከመ ፡ ኢንብላዕ ፡ እምኔሁ ፡ ወከመ ፡ ኢንግስሶ ፡ ከመ ፡ ኢን ሙት ፡ ይቤ ።

፬ ወትቤላ ፡ አርዌ ፡ ምድር ፡ ለብእሲት ፡ አኮ ፡ ሞተ ፡ ዘትመውቱ ።

፭ አላ ፡ እስመ ፡ ያአምር ፡ እግዚአብሔር ፡ ከመ ፡ አመ ፡ ዕለተ ፡ ትበልዑ ፡ እ ምኔሁ ፡ ይትፈታሕ ፡ አዕይንቲክሙ ፡ ወትከውኑ ፡ ከመ ፡ አማልክት ፡ ወታአምሩ ፡ ሠናየ ፡ ወእኩየ ።

፮ ወሶበ ፡ ርእየት ፡ ብእሲት ፡ ከመ ፡ ሠናይ ፡ ዕፁ[1] ፡ ለበሊዕ ፡ ወሠናይ ፡ ለአ ዕይንት ፡ ወለርእይ ፡ ወሠናየ ፡ ያጤይቅ ፡ ነሥአት ፡ ፍሬሁ ፡ ወበልዐት ፡ ወወሀበቶ ፡ ለብእሲሃ ፡ ምስሌሃ ፡ ወበልዑ ።

፯ ወተፈትሐ ፡ አዐይንቲሆሙ ፡ ለክልኤሆሙ ፡ ወአእመሩ ፡ ከመ ፡ ዕራቃኒ ሆሙ ፡ እሙንቱ ፡ ወሰፈዩ ፡ ቈጽለ ፡ በለስ ፡ ወገብሩ ፡ ሎሙ ፡ መዋርእተ ።

[1] Diese Lesart zogen meine Gewährsmänner dem ዕፀ ፡ des Textes bei Praetorius vor.

3.

1 *u̯a'aru̯ĕ‿mədrᵊssá 'əmkulű̆ tət'ábbəƀ 'əmənna‿kulű̆ 'aru̯é zau̯ᵘsta‿mə́dr̥ zagáƀra 'əgzĭ̆aƀhḗr u̯atəƀⁱĕlā́ 'aru̯ĕ‿mə́dr̥ laƀə'əsít mantᵊnű̆ u̯ə'ə́tŭ̆ zai̯ᵊƀⁱĕlakkə́mŭ̆ 'əgzĭ̆aƀhḗr 'ī̆təƀlə́'ŭ̆ 'əm'ə́ṣ' zau̯ᵘsta‿gannát.*

2 *u̯atəƀⁱĕlā́ ƀə'əsít la'aru̯ĕ‿mə́dr̥ 'əmənna‿'ə́ṣ' zai̯ᵊfárrĭ̆ u̯ᵘsta‿gannát nəƀállə(').*

3 *u̯a'əmə̀nna‿fərⁱĕ‿'əṣ'ᵊssá ƀàhtű̆ zahallᵘő̆ mà'ikala‿gannát i̯ᵊƀⁱĕlánna 'əgzĭ̆aƀhḗr kama‿'ĭ̆nə́ƀlă̆ 'əmənnⁱĕhű̆ u̯akama‿'ĭ̆nəgsə́ssᵘŏ̆ kama‿'ĭ̆nə́mut i̯ᵊƀⁱé.*

4 *u̯atəƀⁱĕlā́ 'aru̯ĕ‿mə́dr̥ laƀə'əsít 'akkᵘő̆ mᵘőta zatəmau̯u̯ə́tŭ̆.*

5 *'ā́lă̆ 'əsma‿i̯ă̆'ā́mmər 'əgzĭ̆aƀhḗr kama‿'ă̆ma‿'əlàta‿təƀallə́'ŭ̆ 'əmmənⁱĕhű̆ i̯ətfáttah 'ă̆'i̯əntikkə́mŭ̆ u̯atəkau̯u̯ə́nŭ̆ kama‿'ă̆mă̆lə́kt u̯ată̆'ammə́rŭ̆ sannā́i̯a u̯a'əkkű̆i̯a.*

6 *u̯asᵘő̆ƀa rə'ə́i̯at bə'əsít kama‿sannā́i 'əṣ'ű laƀalī́' u̯asannā́i̯ la'ă̆'i̯ə́nt u̯alarə'ī́i̯[1] u̯asannā́i̯a i̯ă̆ṭ'ⁱĕi̯i̯əḳ' nás'at fərⁱĕhű̆ u̯aƀál'at u̯au̯ahā̆ƀattᵘő̆ laƀə'əsĭ̆hā́ məslⁱĕhā́ u̯aƀál'ŭ̆.*

7 *u̯atafáthă̆ 'ă̆'i̯əntĭ̆hᵘő̆mú lakələ'ĕ̆hᵘő̆mŭ̆ u̯a'ă̆'imárŭ̆ kama‿'ərăḳ'ănĭ̆hᵘő̆mŭ̆ 'əmùntű̆ u̯asafái̯ŭ̆ ḳ'ᵘåṣ'la‿ƀalás u̯agáƀrŭ̆ lᵘő̆mŭ̆ mau̯ă̆rə́'ta.*

[1] »Genau so gesprochen, als stünde ወለርኢይ ፡ da« (Blatta Heruï).

፰ ወሰምዑ ፡ ቃለ ፡ እግዚአብሔር ፡ እንዘ ፡ የሐውር ፡ ውስተ ፡ ገነት ፡ ፍና ፡
ሰርክ ፡ ወተኀብኡ ፡ አዳም ፡ ወብእሲቱ ፡ እምቅድመ ፡ እግዚአብሔር ፡
ማእከለ ፡ ዕፀዊሃ ፡ ለገነት ።

፱ ወጸውዖ ፡ እግዚአብሔር ፡ ለአዳም ፡ ወይቤሎ ፡ አይቴ ፡ አንተ ።

፲ ወይቤሎ ፡ አዳም ፡ ቃለከ ፡ ሰማዕኩ ፡ እንዘ ፡ ታንሶሱ ፡ ውስተ ፡ ገነት ፡ ወ
ፈራህኩ ፡ እስመ ፡ ዕራቅየ ፡ አነ ፡ ወተኀባእኩ ።

፲፩ ወይቤሎ ፡ እግዚአብሔር ፡ መኑ ፡ አይድዐከ ፡ ከመ ፡ ዕራቅከ ፡ አንተ ፡ ሶበ ፡
አኮ ፡ ዘበላዕከ ፡ ዘንተ ፡ ዕፀ ፡ ዘአነ ፡ ከላእኩከ ።

፲፪ ወይቤ ፡ አዳም ፡ ብእሲትየ ፡ እንተ ፡ ወሀብከኒ ፡ ምስሌየ ፡ ትንበር ፡ ይእቲ ፡
ወሀበተኒ ፡ ወበላዕኩ ።

፲፫ ወይቤላ ፡ እግዚአብሔር ፡ ለብእሲት ፡ ዘንተኑ ፡ ገበርኪ ፡ ወትቤ ፡ ብእሲ
ት ፡ አርዌ ፡ ምድር ፡ አስፈጠተኒ ፡ ወበላዕኩ ።

፲፬ ወይቤላ ፡ እግዚአብሔር ፡ ለአርዌ ፡ ምድር ፡ እስመ ፡ ገበርከዮ ፡ ለዝንቱ ፡
ርግምት ፡ ኩኒ ፡ እምኵሉ ፡ እንስሳ ፡ ወእምኵሉ ፡ አራዊተ ፡ ምድር ፡ በ
እንግድአኪ ፡ ሑሪ ፡ ወመሬተ ፡ ብልዒ ፡ ኵሎ ፡ መዋዕለ ፡ ሕይወትኪ ።

፲፭ ኣስተፃርር ፡ ማእከሌኪ ፡ ወማእከለ ፡ ብእሲት ፡ ወማእከለ ፡ ዘርእኪ ፡ ወማ
እከለ ፡ ዘርኣ ፡ ውእቱ ፡ ለይዕቀብ ፡ ርእሰኪ ፡ ወአንቲ ፡ ዕቀቢ ፡ ሰኰናሁ ።

---

8 *u̯asám'ŭ k̇'àla‿'əgzĭabhér 'ənza‿i̯ahău̯u̯ər u̯ᵘsta‿gannát fənă‿sárk u̯atahăb'ŭ 'ad-
dăm u̯abə'əsĭtŭ 'əmk̇'ədma‿'əgzĭabhér màⁱkala‿'əṣ'au̯ĭhă lagannát.*

9 *u̯aṣ'au̯u̯əᵘó 'əgzĭabhér la'addăm u̯ai̯ᵊbⁱélᵘó 'ăitⁱé 'ánta.*

10 *u̯ai̯ᵊbⁱélᵘó 'addăm k̇'ălákạ samăⁱkŭ 'ənza‿tànsᵘóssŭ u̯ᵘsta‿gannát u̯afarăhkŭ
'əsma‿'ərăk̇'əi̯a 'ăna u̯atahăbăⁱkŭ.*

11 *u̯ai̯ᵊbⁱélᵘó 'əgzĭabhér mannŭ 'ăi̯dᵊăkka kama‿'ərăk̇'əka 'ánta sᵘòba‿'akkᵘó zabaláⁱka
zánta 'əṣ'a za'ăna kaláⁱkŭka.*

12 *u̯ai̯ᵊbⁱé 'addăm bə'əsĭtəi̯a 'ənta‿u̯ahabkkánnĭ məslⁱéi̯a tənbar i̯ə'əti̯ u̯ahăbattánnĭ
u̯abaláⁱku.*

13 *u̯ai̯ᵊbⁱélă 'əgzĭabhér labə'əsít zantanŭ gabárkĭ u̯atəbⁱé bə'əsít 'aru̯ĕ‿mədr̥ 'asfaṭ'attánnĭ
u̯abaláⁱkŭ.*

14 *u̯ai̯ᵊbⁱélă 'əgzĭabhér la'aru̯ĕ‿mədr̥ 'əsma‿gabarkĭi̯ᵘó lazəntŭ rəgəmta kŭnĭ 'əmkulŭ
'ənsəsă u̯aəmkulŭ 'ărău̯ĭta‿mədr̥ baəngəd'ăkĭ hŭrĭ u̯amarⁱéta bəlʻĭ kulᵘó
mau̯ăəla‿həi̯u̯atəkĭ.*

15 *'ăstaṣ'ărrər màⁱkalⁱékĭ u̯amàⁱkala‿bə'əsít u̯amàⁱkala‿zar'əkĭ u̯amàⁱkala‿zar'ă
u̯ə'ətŭ lai̯ə'k̇'ab rə'sákĭ u̯a'ántĭ 'ək̇'ábĭ sakᵘánăhŭ.*

፲፮ ወለብእሲትኒ ፡ ይቤላ ፡ አብዝኆ ፡ አበዝኆ ፡ ለሐዘንኪ ፡ ወለሥቃይኪ ፡ ወበሐዘን ፡ ለዲ ፡ ወወሊደኪ ፡ ኀበ ፡ ምትኪ ፡ ምግባእኪ ፡ ወውእቱ ፡ ይቀንየኪ ።

፲፯ ወለአዳምሰ ፡ ይቤሎ ፤ እስመ ፡ ሰማዕከ ፡ ቃለ ፡ ብእሲትከ ፡ ወበላዕከ ፡ እምነ ፡ ውእቱ ፡ ዕፅ ፡ ዘአዘዝኩከ ፡ ከመ ፡ ኢትብላዕ ፡ እምነ ፡ ውእቱ ፡ ዕፅ ፡ ባሕቲቱ ፡ ወበላዕከ ፡ ርግምተ ፡ ትኩን ፡ ምድር ፡ ወተግባርከ ፡ ወበሐዘን ፡ ብላዕ ፡ ኵሎ ፡ መዋዕለ ፡ ሕይወትከ ።

፲፰ አስዋከ ፡ ወአሜከላ ፡ ይብቈልከ ፡ ወብላዕ ፡ ሣዕረ ፡ ገዳም ።

፲፱ ወበሀፈ ፡ ገጽከ ፡ ብላዕ ፡ ኅብስተከ ፡ እስከ ፡ ትገብእ ፡ ውስተ ፡ መሬትከ ፡ እንተ ፡ እምኔሃ ፡ ወፃእከ ፡ እስመ ፡ መሬት ፡ አንተ ፡ ወውስተ ፡ መሬት ፡ ትገብእ ።

፳ ወሰመየ ፡ አዳም ፡ ስመ ፡ ብእሲቱ ፡ ሕይወት ፡ እስመ ፡ እሞሙ ፡ ይእቲ ፡ ለሕያዋን ።

፳፩ ወገብረ ፡ እግዚአብሔር ፡ ለአዳም ፡ ወለብእሲቱ ፡ አዕዳለ ፡ ዘማእስ ፡ ወአልበሶሙ ።

፳፪ ወይቤ ፡ እግዚአብሔር ፡ ናሁ ፡ አዳም ፡ ኮነ ፡ ከመ ፡ አሐዱ ፡ እምኔነ ፡ ያአምር ፡ ሰናየ ፡ ወእኩየ ፡ ወይእዜኒ ፡ ዮጊ ፡ ያአምር ፡ ወያሌዕል ፡ እዴሁ ፡ ወይነሥእ ፡ እምዕፀ ፡ ሕይወት ፡ ወይበልዕ ፡ ወየሐዩ ፡ ለዓለም ።

፳፫ ወአውፅአ ፡ እግዚእ ፡ እግዚአብሔር ፡ ለአዳም ፡ እምነ ፡ ገነተ ፡ ተድላ ፡ ከመ ፡ ይትገበራ ፡ ለምድር ፡ እንተ ፡ እምኔሃ ፡ ወፅአ ።

16 *u̯a̯la̯ƀə'əsĭtní i̯əƀⁱĕlā́ 'aƀzᵊhᵘṓ 'ăƀa̯zzəhᵘṓ la̯hăza̯nə́kĭ u̯a̯la̯sək̓'ăi̯ə́kĭ u̯a̯ƀa̯hăzá̯n lá̯dĭ u̯a̯u̯a̯lĭdá̯kĭ hăƀa̯‿metə́kĭ məgƀă'ə́kĭ u̯a̯u̯ə'ə́tŭ i̯ək̓'a̯nnəi̯á̯kkı.*

17 *u̯a̯la̯'addàmᵊssá̯ i̯ᵊƀⁱĕlᵘṓ 'əsma̯‿sa̯mā́ⁱka̯ k̓'àla̯‿ƀə'əsĭtə́ka̯ u̯a̯ƀa̯lā́ⁱka̯ 'əmənna̯‿u̯ə'ə̀tŭ‿'ə́ṣ' za̯'a̯zza̯zkŭ́ka̯ ka̯ma̯‿'ĭtə́ƀlă 'əmənna̯‿u̯ə'ə̀tŭ‿'ə́ṣ' ƀàhtĭ́tŭ́ u̯a̯ƀa̯lā́ⁱka̯ rəgə́mta̯ tə́kun mə́dr̥ u̯a̯ta̯gƀărə́ka̯ u̯a̯ƀa̯hăzá̯n ƀə́lă kulᵘṓ ma̯u̯ā̆'əla̯‿həi̯u̯ā̊tə́ka̯.*

18 *'asu̯ā̆k ŭa̯'ămⁱĕka̯lā́ i̯əƀk̓'ᵘā̊lka̯ u̯a̯ƀə́lă săⁱra̯‿gadā́m.*

19 *u̯a̯ƀa̯hăfa̯‿ga̯ṣ'ə́ka̯ ƀə́lă həƀəstə́ka̯ 'əska̯‿təgá̯bbə(') u̯ᵘsta̯‿ma̯rⁱĕtə́ka̯ 'ənta̯‿'əmən-nⁱĕhā́ u̯ā̊ṣ'ā́ⁱka̯ 'əsma̯‿ma̯rⁱét 'ánta̯ u̯a̯u̯ᵘsta̯‿ma̯rⁱét təgá̯bbə(').*

20 *u̯a̯sa̯má̯i̯a̯ 'addā́m səma̯‿ƀə'əsĭtŭ́ həi̯u̯ā̊t 'əsma̯‿'əm(m)ᵘṓmŭ i̯ə'ə́tĭ la̯həi̯ău̯ā́n.*

21 *u̯a̯gá̯ƀra̯ 'əgzĭaƀhḗr la̯'addā́m u̯a̯la̯ƀə'əsĭtŭ́ 'ăⁱdā́la̯ za̯mā́ⁱs u̯a̯'alƀa̯sᵘṓmŭ.*

22 *u̯a̯i̯ᵊƀⁱé 'əgzĭaƀhḗr năhŭ́ 'addā́m kᵘṓna̯ ka̯ma̯‿'ăhădŭ́ 'əmənnⁱḗna̯ i̯ă'ā́mmər sa̯nnā́i̯a̯ u̯a̯'əkkŭ́i̯a̯ u̯a̯i̯ə'əzⁱĕní i̯ᵘògí i̯ă'ā́mmər u̯a̯i̯ălⁱḗ'əl 'ədⁱĕhŭ́ u̯a̯i̯ᵊná̯ssə(') 'əm'əṣ'a̯‿həi̯u̯ā̊t u̯a̯i̯ᵊƀá̯llə(') u̯a̯i̯a̯hā́i̯i̯ŭ la̯'àlá̯m.*

23 *u̯a̯'ău̯ṣəᵘṓ 'əgəzĭ' 'əgzĭaƀhḗr la̯'addā́m 'əmənna̯‿ga̯nnàta̯‿ta̯dᵊlā́ ka̯ma̯‿i̯ətga̯bbá̯rră la̯mə́dr̥ 'ənta̯‿'əmənnⁱĕhā́ u̯ā̊ṣ'ă.*

፳፬ ወአውፅአ ፡ ለአደም ፡ ወአኅደሮ ፡ ቅድመ ፡ ገነተ ፡ ትፍሥሕት ፡ ወአዘዘ
ሙ ፡ ለሱራፌል ፡ ወለኪሩቤል ፡ በሰይፈ ፡ እሳት ፡ እንተ ፡ ትትመየጥ ፡
ከመ ፡ ይዕቀቡ ፡ ፍኖተ ፡ ዕፀ ፡ ሕይወት ።

4.

፩ ወአእመራ ፡ አዳም ፡ ለሔዋን ፡ ብእሲቱ ፡ ወፀንሰት ፡ ወወለደት ፡ ቃየንሃ ፡
ወትቤ ፡ አጥረይነ ፡ ብእሴ ፡ በእንተ ፡ እግዚአብሔር ።

፪ ወደገመት ፡ ወለደቶ ፡ ለእኁሁ ፡ ለአቤል ፡ ወኮነ ፡ አቤል ፡ ኖላዌ ፡ አባግዕ ፡
ወቃየንሰ ፡ መስተገብረ ፡ ምድር ፡ ኮነ ።

፫ ወእምድኅረዝ ፡ መዋዕል ፡ አምጽአ ፡ ቃየን ፡ እምነ ፡ ፍሬ ፡ ምድር ፡ መሥ
ዋዕተ ፡ ለእግዚአብሔር ።

፬ ወአቤልሂ ፡ ገብረ ፡ ወአምጽአ ፡ እምነ ፡ በኵረ ፡ አባግዒሁ ፡ ወእምነ ፡ ሥ
ቡሓኒሆሙ ፡ ወነጸረ ፡ እግዚአብሔር ፡ ላዕለ ፡ አቤል ፡ ወላዕለ ፡ መሥ
ዋዕቱ ፡ ወቍርባኒሁኒ ።

፭ ወላዕለ ፡ ቃየንሰ ፡ ወላዕለ ፡ መስዋዕቱ ፡ ኢነጸረ ፡ ወአሕዘኖ ፡ ለቃየን ፡ ጥ
ቀ ፡ ወወድቀ ፡ ገጹ ።

፮ ወይቤሎ ፡ እግዚአብሔር ፡ ለቃየን ፡ ለምንት ፡ ተሐዝን ፡ ወለምንት ፡ ወድ
ቀ ፡ ገጽከ ።

---

24 *u̯a̤'ăṷṣ'əᵘṓ la̤'addā́m u̯a̤'ahda̤rᵘṓ ḳ'ədma̤‿ga̤nna̤ta̤‿təfsə́ht u̯a̤'azza̤zᵘṓmǘ la̤sùrắ-*
fⁱél u̯ala̤kìrūbⁱél ba̤sa̤i̯ fa̤‿'əsắt 'ənta̤‿təlmá̤i̯i̯at ka̤ma̤‿i̯ə'ḳ'ḁbū fənᵘòta̤‿'əṣ'a̤‿
həi̯u̯ắt.

4.

1 *u̯a̤'ăⁱma̤rā́ 'addā́m la̤hĕu̯ā́n bə'esĭ̄tū́ u̯a̤ṣ'ánsa̤t u̯a̤u̯a̤ládat ḳ'ăi̯a̤nhā́ u̯a̤təbⁱé 'aṭ'rá̤i̯na̤*
bə'əsⁱé ba̤'ənta̤‿'əgzĭ̄abhḗr.

2 *u̯adagá̤ma̤t u̯ala̤dattᵘṓ la̤'əhŭ̄hū́ la̤'ăbⁱél u̯a̤kᵘṓna̤ 'ăbⁱél nᵘòlắu̯ⁱĕ‿'ăbăgə́(') u̯a̤ḳ'ă-*
i̯a̤nᵊssá̤ màsta̤ga̤bra̤‿mə́dr kᵘṓna̤.

3 *u̯a̤'əmdəhra̤zə̀‿ma̤u̯ă'əl 'amṣ'ə̄'ă ḳ'ăi̯án 'əmə̀nna̤‿fərⁱĕ‿mə́dr ma̤su̯ă'əta̤ la̤'əg-*
zĭ̄abhḗr.

4 *u̯a̤'ăbⁱĕlhí gá̤bra̤ u̯a̤'amṣ'ə̄'ă 'əmə̀nna‿ba̤kura̤‿ăbăgə'ĭ̄hū́ u̯a̤'əmenna̤‿səbŭ̄hăni̇̆hᵘṓmǘ*
u̯a̤na̤ṣṣ'á̤ra̤ 'əgzĭ̄abhḗr lă'əla̤‿'ăbⁱél u̯a̤lă'əla̤‿ma̤su̯ăⁱtū́ u̯a̤ḳ'urbàni̇̆hŭ̄ní.

5 *u̯a̤lă'əla̤‿ḳ'ăi̯a̤nᵊssá̤ u̯a̤lă'əla̤‿ma̤su̯ăⁱtū́ 'ĭ̄na̤ṣṣ'á̤ra̤ u̯a̤'ahza̤nᵘṓ la̤ḳ'ăi̯án ṭ'ə́ḳḳ'a̤*
u̯a̤u̯ádḳ'a̤ ga̤ṣ'ū́.

6 *u̯a̤i̯bⁱĕlᵘṓ 'əgzĭ̄abhḗr la̤ḳ'ăi̯á̤n la̤mə́nt ta̤hā́zzən u̯a̤la̤mə́nt u̯ádḳ'a̤ ga̤ṣ'ə́ka̤.*

፯ አኮ ፡ በጽድቅ ፡ ዘአምጻእከ ፡ ወርቱዕሰ ፡ በጽድቅ ፡ ታምጽእ ፡ ሊተ ፡ አበ
ስከ ፡ እንከ ፡ አርምም ፡ ኀቤከ ፡ ምግባኢሁ ፡ ወአንተ ፡ ትኴንኖ ።

፰ ወይቤሎ ፡ ቃየን ፡ ለአቤል ፡ እኁሁ ፡ ነዓ ፡ ንሑር ፡ ናንሶሱ ፡ ሐቅለ ፡ ወኮ
ነ ፡ እንዘ ፡ ሀለዉ ፡ ገዳመ ፡ ተንሥአ ፡ ቃየን ፡ ላዕለ ፡ አቤል ፡ እኁሁ ፡
ወቀተሎ ።

፱ ወይቤሎ ፡ እግዚአብሔር ፡ ለቃየን ፡ አይቴ ፡ ውእቱ ፡ አቤል ፡ እኁከ ፡ ወ
ይቤሎ ፡ ኢየአምር ፡ ቦኑ ፡ ዐቃቢሁ ፡ አነ ፡ ለእኁየ ።

፲ ወይቤሎ ፡ እግዚአብሔር ፡ ምንተ ፡ ገበርከ ፡ ቃለ ፡ ደሙ ፡ ለእኁከ ፡ በጽ
ሐ ፡ ኀቤየ ፡ እምነ ፡ ምድር ።

፲፩ ወይእዜኒ ፡ ርግምተ ፡ ትኩን ፡ ምድር ፡ እንተ ፡ አብቀወት ፡ ከመ ፡ ትስተ
ይ ፡ ደሞ ፡ ለእኁከ ፡ እምእዴከ ።

፲፪ እስመ ፡ ትትጌበራ ፡ አንተ ፡ ወኢትዌስከ ፡ ከመ ፡ ተሀብከ ፡ ኀይላ ፤ ርዑደ ፡
ወድንጉፀ ፡ ኩን ፡ ላዕለ ፡ ምድር ።

፲፫ ወይቤሎ ፡ ቃየን ፡ ለእግዚአብሔር ፡ ተዐቢኑ ፡ ኀጢአትየ ፡ ዘእምተኀድገ
ት ፡ ሊተ ።

፲፬ ወእመሰ ፡ ታወፅአኒ ፡ እምድር ፡ ወእምነ ፡ ቅድመ ፡ ገጽከ ፡ እትኀባእኒ ፡ ወ
እከውን ፡ ርዑደ ፡ ወድንጉፀ ፡ በዲበ ፡ ምድር ፡ ወኵሉ ፡ ዘረከበኒ ፡ ይቀ
ትለኒ ።

---

7 *ʼakkʷṓ ƀaṣ̌ədḳ̌ za̓amṣ̌ā́ʲka̤ u̯arətǚʼəssá̤ ƀaṣ̌ədḳ̌ tā́mṣ̌ʼə lī̆ta̤ ʼabbá̤ska̤ ʼənka̤‿ʼármǝm hă̄ƀʲē̆ka̤ məyƀă̓ī̆hṻ u̯a̤ʼánta̤ təkʷènnənʷṓ.*

8 *u̯a̤i̯ᵊƀʲē̆lʷṓ ḳ̌ʼă̄i̯á̤n la̤ʼă̄ƀʲē̆l ʼəhṻ̆hṻ na̤ʼă‿nóhur nə̀nsʷṓssṻ̆ há̤ḳ̌ʼla̤ u̯a̤kʷṓna̤ ʼənza̤‿hallá̤u̯ṻ̆ ga̤dā́ma̤ ta̤nsə́ʼă ḳ̌ʼă̄i̯á̤n lă̄ʼəla̤‿ʼă̄ƀʲél ʼəhṻ̆hṻ u̯a̤ḳ̌ʼa̤ta̤lʷṓ.*

9 *u̯a̤i̯ᵊƀʲē̆lʷṓ ʼəgzī̆aƀhḗr la̤ḳ̌ʼă̄i̯á̤n ʼă̄i̯tʲē̆ u̯əʼətṻ̆ ʼă̄ƀʲē̆l ʼəhṻ́ka̤ u̯a̤i̯ᵊƀʲē̆lʷṓ ʼī̆i̯ă̓ámmər bʷṓ̆nṻ ʼă̄ḳ̌ʼă̄ƀī̆hṻ ʼā́na̤ la̤ʼəhṻ́i̯a̤.*

10 *u̯a̤i̯ᵊƀʲē̆lʷṓ ʼəgzī̆aƀhḗr mə́nta̤ ga̤ƀá̤rka̤ ḳ̌ʼà̤la̤‿da̤mṻ la̤ʼəhṻ́ka̤ ƀá̤ṣ̌ʼhă hă̄ƀʲē̆i̯a̤ ʼemənna̤‿mə́dr̥.*

11 *ŭa̤i̯əʼezʲē̆ní rəgə́mta̤ tə́kun mədr̥ ʼənta̤‿ʼaƀḳ̌ʼá̤u̯at ka̤ma̤‿tə́stu̯a̤i̯ da̤mʷṓ la̤ʼəhṻ́ka̤ ʼəmʼədʲē̆ka̤.*

12 *ʼəsma̤‿tətgʲē̆bba̤rā́ ʼánta̤ u̯a̤ʼī̆təu̯i̯éssək ka̤ma̤‿ta̤háƀka̤ hă̤i̯lā́ rəʼū́da̤ u̯a̤dəngṻ́ṣ̌ʼa̤ kṻ́n lă̄ʼəla̤‿mə́dr̥.*

13 *u̯a̤i̯ᵊƀʲē̆lʷṓ ḳ̌ʼă̄i̯á̤n la̤ʼəgzī̆aƀhḗr ta̤ʼà̤bbī̆nṻ hă̤ṭ̌ʼī̆ʼă̄tə́i̯a̤ za̤ʼəmta̤hádga̤t lí̤ta̤.*

14 *u̯a̤ʼəmmassá̤ tă̄u̯á̤ṣ̌ṣ̌ʼəánnī̆ ʼəmmə́dr̥ u̯a̤ʼəmənna̤‿ḳ̌ʼədma̤‿ga̤ṣ̌ʼə́ka̤ ʼethà̤bbă̄ʲní u̯a̤-ʼəkáu̯u̯ən rəʼū́da̤ u̯a̤dəngṻ́ṣ̌ʼa̤ ƀa̤dī̆ƀa̤‿mə́dr̥ u̯akulṻ́ za̤ra̤ka̤ƀá̤nnī̆ i̯ᵊḳ̌ʼa̤ttəlá̤nnī̆.*

፲፭ ወይቤሎ ፡ እግዚአብሔር ፡ ለቃየን ፡ ከማሁ ፡ ቆመ ፡ ኵሉ ፡ ቀታሊ ፡ ወይ
ቤ ፡ ቃየን ፡ አንሰ ፡ እትፈደይ ፡ በዘገበርኩ ፡ ወእትቀተል ፡ ከመ ፡ ቀተ
ልኩ ፡ ወይቤሎ ፡ እግዚእ ፡ አኮ ፡ ከማሁ ፡ ወባሕቱ ፡ ኵሉ ፡ ዘቀተሎ ፡
ለቃየን ፡ ሰባዕተ ፡ በቀለ ፡ ያበቅል ፡ ወገብረ ፡ እግዚእ ፡ ለቃየን ፡ ተአም
ረ ፡ ከመ ፡ ኢይቅትሎ ፡ ኵሉ ፡ ዘረከቦ ።
፲፮ ወወፅአ ፡ ቃየን ፡ እምቅድመ ፡ እግዚአብሔር ፡ ወኀደረ ፡ ውስተ ፡ ምድር ፡
እንተ ፡ ስማ ፡ ኑዳ ፡ ዘአንጻረ ፡ ኤዶም ።
፲፯ ወአእመራ ፡ ቃየን ፡ ለብእሲቱ ፡ ወፀንሰት ፡ ወወለደት ፡ ሎቱ ፡ ሄኖኀሃ ፡ ወ
ነደቀ ፡ ቃየን ፡ ሀገረ ፡ ወሰመያ ፡ በስመ ፡ ወልዱ ፡ ሄኖኅ ።
፲፰ ወወለደ ፡ ሄኖኅ ፡ ጋይዳድሃ ፡ ወጋይዳድ ፡ ወለዶ ፡ ለመላልኤል ፡ ወመላል
ኤል ፡ ወለዶ ፡ ለማቱሰላ ፡ ወማቱሰላ ፡ ወለዶ ፡ ለለሜክ ።
፲፱ ወአውሰበ ፡ ለሜክ ፡ ክልኤተ ፡ አንስተ ፡ ስማ ፡ ለአሐቲ ፡ ሳላ ፡ ወስመ ፡ ካ
ልእታ ፡ አዳ ።
፳ ወወለደት ፡ ዮቤልሃ ፡ ወውእቱ ፡ ኮነ ፡ አቡሆሙ ፡ ለኵሎሙ ፡ እለ ፡ የኀ
ድሩ ፡ በአዕጻዳተ ፡ ኖሎተ ፡ እንስሳ ።
፳፩ ወስመ ፡ እኁሁ ፡ ኢዮቤል ፡ ወውእቱ ፡ ኮነ ፡ አቡሆሙ ፡ ለኵሎሙ ፡ እለ ፡
ይዘብጡ ፡ አርጋኖን ፡ ወማሕሌተ ።
፳፪ ወወለደት ፡ ሳላ ፡ ቱበልቄን ፡ ወኮነ ፡ ይገብር ፡ ግብረ ፡ ብርት ፡ ወኀጺን ፡
ወአፍቀረ ፡ ቱበልቄን ፡ ጻጋ ፡ ወእኅቱ ፡ ሎቱ ፡ ኖሄም ፡ ስማ ።

15 *u̯ai̯ᵊƀⁱĕlᵘṓ ʾəgzĭ̆aƀhḗr laḳʾăi̯án kamăhú ḳᵘṓma kulū́ ḳʾatălī́ u̯ai̯ᵊƀⁱḗ ḳʾăi̯án ʾănᵊssá*
ʾətfáddai̯ ƀazagaƀárkŭ̆ u̯aʾətḳʾáttal kama‿ḳʾatálkŭ̆ u̯ai̯ᵊƀⁱĕ̆lᵘṓ ʾəgᵊzí(ʾ) ʾakkᵘṓ
kamăhū́ u̯aƀàhtū́ kulū́ zaḳʾatalᵘṓ laḳʾăi̯án saƀăⁱtá ƀaḳʾála i̯ăƀákḳʾəl u̯agáƀra
ʾəgzĭ̆ʾaƀhḗr laḳʾăi̯án taʾămə́ra kama‿ʾĭ̆i̯əḳʾtə́llᵘŏ̆ kulū́ zarakaƀᵘṓ.
16 *u̯au̯ắṣʾă ḳʾăi̯án ʾəmḳʾədma‿ʾəgzĭ̆aƀhḗr u̯ahădára u̯ᵘsta‿mə́dr ʾənta‿səmā́ nùdā́*
zaʾanṣằra‿ʾḗdᵘom.
17 *u̯aʾăⁱmarā́ ḳʾăi̯án laƀəʾəsĭ̆tū́ u̯aṣʾánsat u̯au̯aládat lᵘòttū́ hènᵘohhā́ u̯anadaḳʾā́ ḳʾăi̯án*
hăgára u̯asamai̯ā́ ƀasəma‿u̯åldū́ hḗnᵘoh.
18 *u̯au̯aláda hḗnᵘoh găi̯dadhā́ u̯agăi̯dā́d u̯aladᵘṓ lamalalʾḗl u̯amalalʾḗl u̯aladᵘṓ*
lamătùsalā́ u̯amătùsalā́ u̯aladᵘṓ lalamⁱḗk.
19 *u̯aʾău̯sáƀa lamⁱḗk kələʾḗtá ʾănə́sta səmā́ laʾăhattī́ sā́lă u̯asəma‿kăləʾtā́ ʾā́dă.*
20 *u̯au̯aládat i̯ᵘṓƀⁱĕ̆lhā́ u̯au̯əʾətŭ̆ kᵘṓna ʾăƀŭ̆hᵘṓmŭ̆ lakulᵘṓmŭ̆ ʾəlla‿i̯ahaddə́rŭ̆ ƀa-*
ʾăⁱṣʾădàta‿nᵘŏ̆lᵘòta‿ʾənsəsā́.
21 *u̯asəma‿ʾəhŭ̆hū́ ʾĭ̆i̯ᵘŏ̆ƀⁱél u̯au̯əʾətŭ̆ kᵘóna ʾăƀŭ̆hᵘṓmŭ̆ lakulᵘṓmŭ̆ ʾəlla‿i̯əzabbə́ṭʾŭ̆*
ᵘorgănᵘóna u̯amahlⁱḗta.
22 *u̯au̯aládat sā́lă tŭ̆ƀalḳʾⁱḗn u̯akᵘṓna i̯ᵊgábbər gəƀra‿ƀə́rt u̯ahăṣʾín u̯aʾafḳʾára*
tŭ̆ƀalḳʾⁱḗn ṣʾagā́ u̯aʾəhtū́ lᵘòttū́ nᵘŏ̆hèm‿səmā́.

፳፫ ወይቤሎን ፡ ለሜክ ፡ ለአንስትያሁ ፡ አዳ ፡ ወሳላ ፡ ስምዓ ፡ አአንስትያ ፡ ለ
ሜክ ፡ ወአፅምዓ ፡ ዘእቤለክን ፡ እስመ ፡ ብእሴ ፡ ቀተልኩ ፡ በርሥዓንየ ፡
በቍስልየ ፡ ወወሬዛ ፡ በጠፊሖትየ ፡ በጸልዕየ ።

፳፬ እስመ ፡ ቃየን ፡ ተፈድየ ፡ ሀየንተ ፡ አሐዱ ፡ ፯በቀለ ፡ ወለሜክሰ ፡ ይትፈ
ደይ ፡ ፸ወ፯ ።

፳፭ ወአእመራ ፡ አዳም ፡ ለሔዋን ፡ ብእሲቱ ፡ ወፀንሰት ፡ ወወለደት ፡ ሎቱ ፡
ወልደ ፡ ወሰመዮ ፡ ስሞ ፡ ሴት ፡ ወይቤ ፡ ናሁ ፡ እምይእዜሰ ፡ አትረፈ ፡
ሊተ ፡ እግዚአብሔር ፡ ዘርአ ፡ ካልአ ፡ ሀየንተ ፡ አቤል ፡ ዘቀተሎ ፡ ቃ
የን ።

፳፮ ወወለደ ፡ ሴት ፡ ዓዲ ፡ ወልደ ፡ ወሰመዮ ፡ ሄኖስ ፡ አሜሃ ፡ ወጠነ ፡ ከመ ፡
ይጸውዕ ፡ ስመ ፡ እግዚአብሔር ።

II.

Psalm 1, 10 (= 11) und 136 (= 137).

1.

፩ በፁዕ ፡ ብእሲ ፡ ዘኢሖረ ፡ በምክረ ፡ ረሲዓን ፤
ወዘኢቆመ ፡ ውስተ ፡ ፍኖተ ፡ ኃጥአን ፤
ወዘኢነበረ ፡ ውስተ ፡ መንበረ ፡ መስተሳልቃን ።

---

23 *u̯ai̯ᵊƀⁱĕlᵘō̗n lạmⁱē̗k lạʼănəstᵊi̯ăhū̗ ʼā̗dă u̯ạsā̗lă səmə̗ʼă ᵘòʼănəstᵊi̯ă‿lạmⁱē̗k u̯ạʼaṣʼmə̗ʼă zạʼəƀⁱĕlạk(k)ə̗n ʼəsmạ‿ƀəʼəsⁱē̗ ḳʼatạ̗lkŭ̄ ƀạsərʼănə̗i̯ạ ƀạḳʼuslə̗i̯ạ u̯ạu̯ạrⁱĕzā̗ ƀạ-ṭʼạfĭ̄hᵘŏ̄tə̗i̯ạ ƀạṣʼạlʼə̗i̯ạ.*

24 *ʼəsmạ‿ḳʼă̈i̯ạ̗n tạfạ̗di̯ạ həi̯antạ‿ʼă̈hă̈dṻ sạbʼă̈tạ̗ bạḳʼạ̗lạ u̯alạmⁱĕ̈kᵒssạ̗ i̯ətfạ̗ddai̯ sạƀʼā̗ u̯ạsạƀʼă̈tạ̗.*

25 *u̯ạʼă̈ⁱmạrā̗ ʼaddā̗m lạhĕ̆u̯ā̗n bəʼəsĭ̈tṻ u̯aṣʼạ̗nsạt u̯ạu̯ạlạ̗dạt lᵘòttū̗ u̯ạ̊ldạ u̯ạsạmai̯ᵘō̗ səmᵘō̗ sⁱē̗t u̯ai̯ᵊƀⁱē̗ năhū̗ ʼəmi̯əʼəzⁱèssạ̗ ʼatrạ̗fạ lĭ̄tạ ʼəgzĭ̆̈aƀhē̗r zạ̗rʼă kă̈lə̗ʼă həi̯antạ‿ʼă̈ƀⁱē̗l zạḳʼạtạlᵘō̗ ḳʼă̈i̯ạ̗n.*

26 *u̯au̯ạlạ̗dạ sⁱē̗t ʼă̈dī̗ u̯ạ̊ldạ u̯ạsạmai̯ᵘō̗ hē̗nᵘos ʼă̈mⁱĕhā̗ u̯aṭʼạ̗nạ kạmạ‿i̯ᵊṣʼạ̗u̯u̯ə(ʼ) səmạ‿ʼəgzĭ̆̈aƀhē̗r.*

1.

1 *bəṣʼū̗ ƀəʼəsī̗ zạʼĭ̆̈hᵘō̗rạ ƀạməkrạ‿rạsĭ̆ʼā̗n*
u̯ạzạʼĭ̆̈ḳᵘō̗mạ u̯ᵘstạ‿fənᵘòtạ‿hă̈ṭʼəā̗n
u̯ạzạʼĭ̆̈nạƀạ̗rạ u̯ᵘstạ‿mạnƀạ̀rạ‿mạstạsă̈ləḳʼā̗n.

፪ ዘዳእሙ ፡ ሕገ ፡ እግዚአብሔር ፡ ሥምረቱ ፤
ወዘሕጎ ፡ ያነብብ ፡ መዐልተ ፡ ወሌሊተ ።
፫ ወይከውን ፡ ከመ ፡ ዕፅ ፡ እንተ ፡ ትክልት ፡ ኀበ ፡ ሙሓዘ ፡ ማይ ፤
እንተ ፡ ትሁብ ፡ ፍሬሃ ፡ በበጊዜሃ ።
፬ ወቈጽላኒ ፡ ኢይትነገፍ ፤
ወኵሎ ፡ ዘገብረ ፡ ይፌጽም ።
፭ አኮ ፡ ከመዝ ፡ ኃጥኣንሰ ፡ አኮ ፡ ከመዝ ፤
ዳእሙ ፡ ከመ ፡ መሬት ፡ ዘይግሕፎ ፡ ነፋስ ፡ እምገጸ ፡ ምድር ።
፮ ወበእንተዝ ፡ ኢይትነሥኡ ፡ ረሲዓን ፡ እምደይን ፤
ወኢኃጥኣን ፡ ውስተ ፡ ምክረ ፡ ጻድቃን ።
፯ እስመ ፡ ያአምር ፡ እግዚአብሔር ፡ ፍኖቶሙ ፡ ለጻድቃን ፤
ወፍኖቶሙሰ ፡ ለኃጥኣን ፡ ትጠፍእ ።

10 (= 11).

፩ በእግዚአብሔር ፡ ተወከልኩ ፡ እፎ ፡ ትብልዋ ፡ ለነፍስየ ፤
አዐይል ፡ ውስተ ፡ አድባር ፡ ከመ ፡ ዖፍ ።

---

2 *ẓạdắ'əmū́ həggạ*[1]*‿'əgzĭ̆abhḗr səmratū́*
u̯ạzạhəggᵘṓ[1] *i̯ănạ́bbeb mạ'ā́ltạ u̯ạlᵉē̆lī́tạ.*
3 *u̯ại̯ᵉkạ́u̯u̯ən kạmạ‿'ə́ṣ̀ 'əntạ‿təkə́lt hă̄bạ‿mŭ̄hā̀zạ‿mā́i̯*
'əntạ‿tə́hub fərᵉĕ̄hā́ bạbbạgĭ̆zᵉĕ̄hā́.
4 *u̯ạḳ'ᵘā̊ṣ̀ lănī́ 'ĭ̆i̯ətnạ́ggạf*
u̯ạkulᵘṓ[2] *zạgạ́brạ i̯ᵉfᵉḗṣṣ'əm.*
5 *'akkᵘṓ kạmạzə́ hă̄ṭ'ə'ā̀nᵊssạ́ 'akkᵘṓ kạmạzə́*
dă̄'əmū́ kạmạ‿mạrᵉḗt zại̯ᵉgəhəfᵘṓ nạfā́s 'emgạṣ̀'ạ‿mə́dr̥.
6 *u̯ạbạ'əntạzə́ 'ĭ̆i̯ətnạssə́'ŭ̄ rạsĭ̆'ā́n 'əmdạ́i̯n*
u̯ạ'ĭhă̄ṭ'ə'ā́n u̯ᵘstạ‿mə̀krạ‿ṣ̀'ă̄dəḳ'ā́n.
7 *'əsmạ‿i̯ă̄'ā́mmər 'əgzĭ̆abhēr fənᵘŏ̄tᵘómŭ̄ lạṣ̀'ă̄dəḳ'ā́n*
u̯ạfənᵘŏ̄tᵘòmussạ́ lạhă̄ṭ'əā́n təṭ'ạ́ffə.

10 (= 11).

1 *bạ'əgzĭ̆abhḗr tạu̯ā̊kkạ́lkŭ̄ 'əfᵘṓ*[3] *təbəlū́u̯ă lạnạfsə́i̯ạ*
'ă̄'ā́i̯i̯əl u̯ᵘstạ‿'adbā́r kạmạ‿ᵘṓf.

---

[1] In beiden Vershälften sprachen sowohl Aleka Taje als auch Blatta Heruï ሕግ ፡ mit der Status-constructus-Endung *ạ* bzw. dem Akkusativ-Suffix *ᵘṓ* mit doppeltem *g*. — Littmann I. S. 634 hat in der ersten Vershälfte *həga*, in der zweiten *həggᵘṓ*.

[2] Hier, wie immer, von meinen beiden Gewährsmännern mit einfachem *l* gesprochen; vgl. oben Seite 18.

[3] Littmann I. Seite 651 *'əffṓ*; vgl. aber Littmann III. Seite 325 und 326.

፪ እስመ ፡ ናሁ ፡ ኃጥአን ፡ ወሰቁ ፡ ቀስቶሙ ፤
ወአስተደለዉ ፡ አሕጻቲሆሙ ፡ ውስተ ፡ ምጕንጳቲሆሙ ፤
ከመ ፡ ይንድፍዎ ፡ ለርቱዐ ፡ ልብ ፡ በጽሚት ።

፫ እስመ ፡ ናሁ ፡ ዘአንተ ፡ ሠራዕከ ፡ እሙንቱ ፡ ነሠቱ ፤
ወጻድቅስ ፡ ምንተ ፡ ገብረ ።

፬ እግዚአብሔር ፡ ውስተ ፡ ጽርሐ ፡ መቅደሱ ፡
እግዚአብሔር ፡ ውስተ ፡ ሰማይ ፡ መንበሩ ።

፭ ወአዕይንቲሁኒ ፡ ኀበ ፡ ነዳይ ፡ ይኔጽራ ፤
ወቀራንብቲሁኒ ፡ የሐቶ ፡ ለእጓለ ፡ እመሕያው ።

፮ እግዚአብሔር ፡ የሐትቶ ፡ ለጻድቅ ፡ ወለኃጥእ ፤
ወዘሰ ፡ አፍቀራ ፡ ለዐመፃ ፡ ጸልአ ፡ ነፍሱ ።

፯ ይዘንም ፡ መሣግር ፡ ላዕለ ፡ ኃጥአን ፤
እሳት ፡ ወተይ ፡ መንፈሰ ፡ ዐውሎ ፡ መክፈልተ ፡ ጽዋዖሙ ።

፰ እስመ ፡ ጻድቅ ፡ እግዚአብሔር ፡ ወጽድቀ ፡ አፍቀረ ፤
ወርትዕሰ ፡ ታርእዮ ፡ ገጾ ።

---

2 *'əsmą‿năhū́*[1] *hăṭ'ə'ā́n u̯ąsą́ḳ'ŭ ḳ'ąstᵘṓmŭ*
u̯ą'ȧstądăllą́u̯ŭ 'ȧhṣ'ătĭhᵘṓmŭ u̯ᵘstą‿məgunp̣'ătĭhᵘṓmŭ
ką mą‿i̯əndəfū́u̯ō̆ lərətŭ'ă‿lə́bb bąṣ'əmmī́t.

3 *'əsmą‿năhū́*[2] *zą'ántą sąrā́ⁱką 'əmùntū́ nąsą́tŭ*
u̯ąṣ'ădə̀ḳ'ᵊssą́ mə́ntą gą́ƀrą.

4 *'əgzĭaƀhḗr u̯ᵘstą‿ṣ'ərhă‿maḳ'dąsū́*
'əgzĭaƀhḗr u̯ᵘstą‿sąmā́i̯ mąnƀąrū́.

5 *u̯ą'ăⁱi̯əntĭhùnī́ hăƀą‿nąddā́i̯ i̯ᵊnⁱèṣ.'ə́ră*
u̯ąḳ'ąrănəƀtĭhùnī́ i̯ąhattᵘṓ lą'əgᵘàlą‿'əm(m)ąhəi̯ā́u̯.

6 *'əgzĭaƀhḗr i̯ąhattətᵘṓ ląṣ'ădə́ḳ' u̯ąląhăṭ'ə́*
u̯ąząssą́ 'afḳ'ąrā́ lą'ămąṣ'ā́ ṣ'ą́l'ă nąfsū́.

7 *i̯ᵊzą́nnəm mąsăgə́r*[2] *lă'əlą‿hăṭ'ə'ā́n*
'əsā́t u̯ątą́i̯ mąnfąsą‿'ău̯lᵘṓ mąkfąltą‿ṣ'u̯ăᵘṓmŭ.

8 *'əsmą‿ṣ'ădə́ḳ'*[2] *'əgzĭaƀhḗr u̯ąṣ'ədḳ'ą 'afḳ'ą́rą*
u̯ąrət'ᵊssą́ tărə'ĭi̯ᵘō̆ gąṣ'ᵘṓ[3].

---

[1] Auch hier und in Vers 3, Druck — wie immer — auf der letzten Silbe.

[2] Auch hier verlegten meine Gewährsmänner, wie immer bei dieser Form, den Druck auf die Ultima.

[3] Hier hat Littmann I. Seite 652 doppeltes *ṣ'*, im Gegensatz zu Ps. 1,5. Ich habe immer nur einfaches *ṣ'* gehört.

11 (= 12).

፩ አድኅነኒ ፡ እግዚኦ ፡ እስመ ፡ ኀልቀ ፡ ኄር ፤
ወውኅደ ፡ ሃይማኖት ፡ እምእጓለ ፡ እመሕያው ።
፪ ከንቶ ፡ ይትናገሩ ፡ አሐዱ ፡ ምስለ ፡ ካልኡ ፤
በከናፍረ ፡ ጕሕሉት ፡ በልብ[1] ፡ ወበልብ ፡ ይትናገሩ ።
፫ ይሤርዎን ፡ እግዚአብሔር ፡ ለከናፍረ ፡ ጕሕሉት ፤
ወለልሳን ፡ እንተ ፡ ታዐቢ ፡ ነቢበ ።
፬ እለ ፡ ይብሉ ፡ ናዐቢ ፡ ልሳናቲነ ፡
ወከናፍሪነኒ ፡ ኀቤነ ፡ እሙንቱ ፤
መኑ ፡ ውእቱ ፡ እግዚእነ ።
፭ በእንተ ፡ ሕማሞሙ ፡ ለነዳያን ፡
ወበእንተ ፡ ገዐሮሙ ፡ ለሙቁሓን ፤
፮ ይእዜ ፡ እትነሣእ ፡ ይቤ ፡ እግዚአብሔር ፤
ወእሬሲ[1] ፡ መድኀኒተ ፡ ወአግሀድ ፡ ቦቱ ።
፯ ቃለ ፡ እግዚአብሔር ፡ ቃል ፡ ንጹሕ ፡
ከመ ፡ ብሩር ፡ ጽሩይ ፡ ወንጡፍ ፡ ወፍቱን ፡ እምድር ፡
ዘአጽረይዎ ፡ ምስብዒተ ።
፰ አንተ ፡ እግዚኦ ፡ ዕቀበነ ፡ ወተማኅፀነነ ፤
እምዛቲ ፡ ትውልድ ፡ ዘለዓለም[1] ።

[1] So lasen meine Gewährsmänner. — Die gleiche LA findet sich auch in der Berliner äthiopischen Handschrift Ms. or. oct. 220 (= Dillmann Nr. 8).

11 (= 12).

1 *’adhəná̤nnĭ̄ ’əgᵊzĭ̄ᵘṓ ’əsma̤‿hā́lḳ’a̤ hḗr*
u̯a̤u̯ə́hda̤ hāi̯mā̆nᵘṓt ’əm’əgᵘā̀la̤‿’əm(m)a̤həi̯ā́u̯.
2 *ka̤ntᵘṓ i̯ətnàggá̤rŭ̄ ’ăhădū́ məsla̤‿kălə’ū́*
ba̤ka̤nă̄fə̀ra̤‿guhlū́t ba̤lə́bb u̯a̤ƀa̤lə́bb i̯ətnàggá̤rŭ̄.
3 *i̯ᵊsᵎèrrū́u̯on ’əgzĭ̄’aƀhḗr la̤ka̤nă̄fə̀ra̤‿guhlū́t*
u̯a̤la̤ləssā́n ’ənta̤‿tă̄’ā́bbĭ̄ na̤ƀī́ba̤.
4 *’əlla̤‿i̯ᵊƀə́lŭ̄ nă’ā́bbĭ̄ ləssànătī́na̤*
u̯a̤ka̤nă̄fərìna̤nī́ hăƀᵎḗna̤ ’əmùntū́
ma̤nnū́ u̯ə’ə́tŭ̄ ’əgᵊzĭ̄’ə́na̤.
5 *ba̤’ənta̤‿həmămᵘṓmŭ̄ la̤na̤ddăi̯ā́n*
u̯a̤ƀa̤’ənta̤‿ga̤’ărᵘṓmŭ̄ la̤mŭ̄ḳ’ŭ̄hā́n.
6 *i̯ə’əzᵎḗ ’ətná̤ssă i̯ᵊƀᵎḗ ’əgzĭ̄’aƀhḗr*
u̯a̤’ərᵎḗssĭ̄ ma̤dhănī́ta̤ u̯a̤’ăgə́həd bᵘòttū́.
7 *ḳ’ăla̤‿’əgzĭ̄aƀhḗr ḳ’ā́l nəṣ’ū́h*
ka̤ma̤‿ƀərū́r ṣ’ərū́i̯ u̯a̤nəṭ’ū́f u̯a̤fətū́n ’əmmə́dr̥
za̤’aṣ’ra̤i̯ū́u̯ŏ̄ məsƀə’ī́ta̤.
8 *’ánta̤ ’əgzĭ̄aƀhḗr ’əḳ’a̤ƀá̤nna̤ u̯a̤ta̤mā̀hṣ’a̤ná̤nna̤*
’əmzăttī́ tᵊu̯ld za̤la̤’ălá̤m.

፱ ዐውደ ፡ የሐውሩ ፡ ረሲዓን ፤
ወበከመ ፡ ልዕልናከ ፡
ሠራዕኮሙ ፡ ለደቂቀ ፡ እጓለ ፡ እመሕያው ።

12 (= 13).

፩ እስከ ፡ ማእዜኑ ፡ እግዚኦ ፡ ትረስዐኒ ፡ ለግሙራ ፤
እስከ ፡ ማእዜኑ ፡ ትመይጥ ፡ ገጸከ ፡ እምኔየ ።
፪ እስከ ፡ ማእዜኑ ፡ አነብር ፡ ሐዘነ ፡ ውስተ ፡ ነፍስየ ፡
ወትጼዕረኒ ፡ ልብየ ፡ ኵሎ ፡ አሚረ ።
፫ እስከ ፡ ማእዜኑ ፡ ይትዔበዩ ፡ ጸላእትየ ፡ ላዕሌየ ።
ነጽረኒ ፡ ወስምዐኒ ፡ እግዚኦ ፡ አምላክየ ፤
፬ አብርሆን ፡ ለአዕይንትየ ፡ ከመ ፡ ኢይኑማ ፡ ለመዊት ።
ወከመ ፡ ኢይበሉኒ ፡ ጸላእትየ ፡ ሞእናሁ ፤
፭ ወእለሰ ፡ ይሣቅዩኒ ፡ ይትፌሥሑ ፡ ለእመ ፡ ተሀወኩ ።
ወአንሰ ፡ በምሕረትከ ፡ ተወከልኩ ፡
፮ ይትፌሥሐኒ ፡ ልብየ ፡ በአድኅኖትከ ፤
እሴብሖ ፡ ለእግዚአብሔር ፡ ዘረድአኒ ፡
ወእዜምር ፡ ለስመ ፡ እግዚአብሔር ፡ ልዑል ።

---

9 *'ā̆u̯da̤ i̯a̤hā̆u̯u̯ə́rū̆ ra̤sí'ā̆n*
u̯a̤ƀa̤ka̤ma̤‿lə'əlᵊnnā̆ka̤
sa̤rā̆ⁱkkᵘṓmū̆ la̤da̤k'ī̆k̇'a̤‿'əgᵘā̆la̤‿'əm(m)a̤həi̯ā̆u̯.

12 (= 13).

1 *'əska̤‿mā̆'əziĕ́nū́ 'əgᵊzī̆ᵘṓ tər a̤ssə'ā̆nnī̆ la̤gəmū̆rā̆*
'əska̤‿mā̆'əziĕ́nū́ təmá̤i̯i̯ət ga̤ṣ'á̤ka̤ 'əmənniḗi̯a̤.
2 *'əska̤‿mā̆'əziĕ́nū́ 'ă̆ná̤bbər hă̆zá̤na̤ u̯ᵘsta̤‿na̤fsə́i̯a̤*
u̯a̤təṣ'iĕ́'ərá̤nnī̆ ləbbə́i̯a̤ kulᵘṓ 'ă̆mī́ra̤.
3 *'əska̤‿mā̆'əziĕ́nū́ i̯ət'ḕbbá̤i̯ū̆ ṣ'a̤lā̆'ətə́i̯a̤ lā̆'əliḗi̯a̤*
na̤ṣṣ'ərá̤nnī̆ u̯a̤səm'ā̆nnī̆ 'əgᵊzī̆ᵘṓ 'amlă̆kə́i̯a̤.
4 *'aƀrə́hᵘon*[1] *la̤'ā̆i̯i̯əntə́i̯a̤ ka̤ma̤‿'ī̆i̯ᵊnū̆mă̆ la̤ma̤u̯ī́t*
u̯a̤ka̤ma̤‿'ī̆i̯ᵊƀa̤lū̆nī̆ ṣ'a̤lā̆'ətə́i̯a̤ mᵘò̆nă̆hū́.
5 *u̯a̤'əlla̤ssà̤‿i̯ᵊsă̆k̇k̇'əi̯ū́nī̆ i̯ətfiḕssə́hū̆ la̤'əmma̤‿ta̤hă̆u̯á̤kkū̆*
u̯a̤'ā̆nᵊssá̤ ƀa̤məhra̤tə́ka̤ ta̤u̯å̤kká̤lkū̆.
6 *i̯ətfiḕssəhā̆nnī̆ ləbbə́i̯a̤ ƀa̤'à̤dhənᵘṑ̆tə́ka̤*
'əsiḕbbəhᵘṓ la̤'əgzī̆aƀhḗr za̤ra̤d'ā̆nnī̆
u̯a̤'əziḗmmər la̤səma̤‿'əgzī̆aƀhḗr lə'ū́l.

[1] *h* als Laryngal nicht verdoppelt (siehe S. 19); Druck auf der Pänultima (vgl. S 38 oben).

136 (= 137).

፩ ውስተ ፡ አፍላገ ፡ ባቢሎን ፡ ሀየ ፡ ነበርነ ፡
ወበከይነ ፡ ሶበ ፡ ተዘከርናሃ ፡ ለጽዮን ።

፪ ውስተ ፡ ኵሓቲሃ ፡ ሰቀልነ ፡ ዕንዚራቲነ ።

፫ እስመ ፡ በሀየ ፡ ተስእሉነ ፡ እለ ፡ ዼወዉነ ፡ ነገረ ፡ ማሕሌት ፤
ወእለሂ ፡ ይወስዱነ ፡ ይቤሉነ ፡
ሕልዩ ፡ ለነ ፡ እመሓልዪሃ ፡ ለጽዮን ።

፬ ወእፎ ፡ ነሐሊ ፡ ማሕሌተ ፡ እግዚአብሔር ፡
በምድር[1] ፡ ነኪር ።

፭ እመሰ ፡ ረሳዕኩኪ ፡ ኢየሩሳሌም ፡
ለትርስዐኒ ፡ የማንየ ።

፮ ወይጥጋዕ ፡ ልሳንየ ፡ በጕርዔየ ፡
ለእመ ፡ ኢተዘከርኩኪ ፡
ወለእመ ፡ ኢበፃዕኩ ፡ ለኢየሩሳልም ፡
በቀዳሚ ፡ ትፍሥሕትየ ።

---

[1] Diese LA., nicht በምድረ ፡ bezeichneten meine Gewährsmänner als die übliche.

---

136 (= 137).

1 *ṷᵘstạ‿ʾaflàgạ‿bbăƀílᵘon həi̯ạ́ nạƀạ́rnạ*
ṷạƀạkạ́i̯nạ sᵘòƀạ‿tạzạkkạrnăhắ lạṣ̓əi̯ᵘṓn.

2 *ṷᵘstạ‿kᵘĭhătĭhắ sạk̇ạ́lnạ ʾənzĭrătínạ.*

3 *ʾəsmạ‿ƀạhəi̯ạ́ tạsəʾəlū́nạ ʾəllạ‿ṣ̓ⁱĕṷạṷū́nạ nạgạrạ‿mahlⁱét*
ṷạʾəllạhì‿i̯ᵊṷạ̊ssədū́nạ i̯ᵊƀⁱĕlū́nạ
hələ́i̯ŭ lạ́nạ ʾəmmạhălə̆i̯ĭhắ lạṣ̓əi̯ᵘṓn.

4 *ṷạʾəfᵘȫ nạhắllĭ mahlⁱètạ‿ʾəgzĭaƀhḗr*
bạmə́dr̥ nạkĭ́r.

5 *ʾəmmạssạ́ rạsăⁱkū́kĭ ʾĭi̯ạrŭsălⁱém*
lạtərsəʾắnnĭ i̯ạmănə́i̯ạ.

6 *ṷại̯ə́ṭʾgă ləsănə́i̯ạ ƀạgurʾḗi̯ạ*
lạʾəmmạ‿ʾĭtạzạkkạrkū́kĭ
ṷạlạʾəmmạ‿ʾĭƀạṣ̓ắⁱkŭ lạʾĭi̯ạrŭsălⁱém bạk̇ạdămⁱè‿təfsəhṭə́i̯ạ.

፯ ተዘከሮሙ ፡ እግዚኦ ፡ ለደቂቀ ፡ ኤዶም ፡
በዕለተ ፡ ኢየሩሳሌም ፤
እለ ፡ ይብሉ ፡ ንሥቱ ፡ ንሥቱ ፡
እስከ ፡ መሠረታቲሃ ።

፰ ወለተ ፡ ባቢሎን ፡ ኅስርት ፡
ብፁዕ ፡ ዘይትቤቀለኪ ፡ በቀለ ፡ ተበቀልክነ ።

፱ ብፁዕ ፡ ዘይእኅዞሙ ፡ ለደቂቅኪ ፡
ወይነፅኖሙ ፡ ውስተ ፡ ኰኵሕ ።

III.

Apokalypse des Esra, Kap. 1.

1.

፩ አመ ፡ ፴ዓመት ፡ እምዘ ፡ ወድቀት ፡ ሀገርነ ፡ ጽዮን ፡ ወሀሎኩ ፡ ውስተ ፡
ባቢሎን ፡ አነ ፡ ሱታኤል ፡ ዘተሰመይኩ ፡ ዕዝራ ፡ ወሀሎኩ ፡ ድንጉፅየ ፡
አነ ፡ በውስተ ፡ ምስካብየ ፡ ወክሡት ፡ ገጽየ ፡ ወየዐርግ ፡ ኅሊናየ ፡ ው
ስተ ፡ ልብየ ።

፪ እስመ ፡ ርኢኩ ፡ ሙስናሃ ፡ ለጽዮን ፡ ወትፍሥሕቶሙ ፡ ለእለ ፡ ይነብሩ ፡
ውስተ ፡ ባቢሎን ።

፫ ወተሀውከት ፡ ነፍስየ ፡ ጥቀ ።

---

7 *tazakarruṓmŭ̆ ʾəgzĭ̆uṓ ladak̇ʾìka͜ ʾĕduṓm*
baʾəlata͜ ʾĭ̆iarŭ̆sălièm
ʾəlla͜ iəƀəlŭ̆ nesətŭ̆ nesətŭ̆
ʾəska͜ masar(r)atăƀhá

8 *ualatta͜ bbăƀíluon həsərt*
bəṣʾú̄ zaiətbièk̇k̇ʾalákkĭ̆ ƀak̇ʾala͜ taƀak̇k̇ʾalk(k)ənna.

9 *bəṣʾú̄ zaiəʾəhəzuṓmŭ̆ ladak̇ʾĭ̆k̇ʾəkĭ̆*
uaiənaṣṣʾəhuṓmŭ̆ ưusta͜ kuåkúh.

1.

1 *ʾăma͜ salăsá̄ ʾămát ʾəmza͜ uádk̇ʾat hăgarəna ṣʾəiuṓn uahalluṓkŭ̆ uusta͜ bbăƀíluon*
ʾá̄na sùtăʾél zatasamáikŭ̆ ʾəzrá̄ uahalluṓkŭ̆ dəngŭ̆ṣʾəia ʾá̄na ƀauusta͜ məskăƀəia
uakəsū́t gaṣʾəia uaiaʾá̄rrəg həllĭ̆nā́ia uusta͜ ləbbəia.

2 *ʾəsma͜ rəʾī́kŭ̆ mŭ̆sənăhá̄ laṣʾəiuṓn uatəfsəhtuṓmŭ̆ laʾəlla͜ iənabbərŭ̆ uusta͜ bbăƀíluon.*

3 *uatahā́ukat nafsəia ṭʾək̇k̇ʾa.*

፬ ወአኀዝኩ ፡ እትናገር ፡ ምስለ ፡ ልዑል ፡ ነገረ ፡ ግሩመ ፡ ወእቤ ፡ እንዘ ፡ እ
ብል ፡ እግዚኦ ፡ አኮኑ ፡ አንተ ፡ ትቤ ፡ ቀዲሙ ፡ አመ ፡ ፈጠርካሃ ፡ ለ
ምድር ።

፭ ወዘንተኒ ፡ ባሕቲተከ[1] ፡ አዘዝካሁ ፡ ለመሬት ፡ ወአውፃእካሁ ፡ ለአዳም ፡
በሥጋ ፡ መዋቲ ፡ ወውእቱኒ ፡ ግብረ ፡ እደዊከ ፡ ውእቱ ።

፮ ወነፋኅከ ፡ ላዕሌሁ ፡ መንፈሰ ፡ ሕይወት ፡ ወኮነ ፡ ሕያወ ፡ በቅድሜከ ።

፯ ወአባእካሁ ፡ ውስተ ፡ ገነት ፡ እንተ ፡ ተከለት ፡ የማንከ ፡ ዘእንበለ ፡ ትቁም ፡
ምድር ።

፰ ወአዘዝካሁ ፡ ሎቱ ፡ ትእዛዘ ፡ ጽድቅ ፡ ወዐለወከ ።

፱ ወእምዝ ፡ ፈጠርከ ፡ ላዕሌሁ ፡ ሞተ ፡ ወላዕለ ፡ ውሉዱ ።

፲ ወተወልዱ ፡ እምኔሁ ፡ አሕዛብ ፡ ወሕዝብኒ ፡ ወነገድኒ ፡ ወበሓውርትኒ ፡
ዘአልቦ ፡ ኍልቈ ።

፲፩ ወሖሩ ፡ አሕዛብ ፡ ኵሎሙ ፡ ለለግዕዘሙ ፡ ወአበሱ ፡ በቅድሜከ ፡ ወክሕ
ዱከ ፡ ወአንተሰ ፡ ኢከላእኮሙ ።

፲፪ ወካዕበ ፡ በዕድሜሁ ፡ አምጻእከ ፡ ማየ ፡ አይኅ ፡ ላዕለ ፡ ምድር ፡ ወላዕለ ፡
እለ ፡ ይነብሩ ፡ ውስተ ፡ ዓለም ፡ ወአጥፋእኮሙ ፡ ወኮነ ፡ ዕሩየ ፡ ኵነኔ
ሆሙ ፡ በከመ ፡ አምጻእከ ፡ ሞተ ፡ ላዕለ ፡ አዳም ፡ ከማሁ ፡ አምጻእከ ፡
ማየ ፡ አይኅ ፡ ላዕለ ፡ እሉሂ ።

---

[1] So lasen meine Gewährsmänner, nicht ባሕቲትከ ፡.

---

4 u̯a̤'ăhā́zkŭ́ 'ətnā́ga̤r məsla̤‿lə'ū́l na̤gá̤ra̤ gərū́ma̤ u̯a̤'əb^iḗ 'ənza̤‿'ə́bl̥ 'əg^əzĭ^u̯ṓ 'akk^u̯ònū́ 'ánta̤ təb^iḗ ḳ'a̤dĭ̄mū́ 'ăma̤‿fa̤ṭ'a̤rkkăhā́ la̤mə́dr̥.

5 u̯a̤za̤nta̤ní bàhtĭ̄tá̤ka̤ 'azza̤zkkăhū́ la̤ma̤r^iḗt u̯a̤'ău̯ṣ'a^ikkăhū́ la̤'addā́m ba̤səgā́ ma̤u̯ătĭ̄ u̯a̤u̯ə'ətŭ̄ní gəbra̤‿'əda̤u̯ī́ka̤ u̯ə'ətŭ̄.

6 u̯a̤na̤fā́hka̤ lă'əl^iḗhū́ ma̤nfa̤sa̤‿həi̯u̯ā́t u̯a̤k^u̯ṓna̤ həi̯ā́u̯a̤ ƀa̤ḳ'ədm^iḗka̤.

7 u̯a̤'ăƀà^ikkăhū́ u̯^usta̤‿ga̤nnā̤t 'ənta̤‿ta̤ká̤la̤t i̯a̤mănə́ka̤ za̤'ənƀa̤la‿tə́ḳ'um mə́dr̥.

8 u̯a̤'azza̤zkkăhū́ l^u̯òttū́ tə'zā̀za̤‿ṣ'ə́dḳ' u̯a̤'ăla̤u̯á̤ka̤.

9 u̯a̤'əmzə́ fa̤ṭ'á̤rka̤ lă'əl^iĕ̄hū́ m^u̯ṓta̤ u̯a̤lă'əla‿u̯^ulŭ̄dū́.

10 u̯a̤ta̤u̯ā́ldŭ̄ 'əmənn^iĕ̄hū́ 'ahzā́ƀ u̯a̤həzbní u̯a̤na̤ga̤dn u̯a̤ƀa̤hău̯ərtnì za̤'alƀ^u̯ṓ húlḳ'^u̯ā̆.

11 u̯a̤h^u̯ṓrŭ̄ 'ahzā́ƀ kul^u̯ṓmŭ̄ la̤lla̤gə'z^u̯ṓmŭ̄ u̯a̤'abbá̤sŭ̄ ƀa̤ḳ'ədm^iḗka̤ u̯a̤kəhədū́ka̤ u̯a̤'anta̤ssá̤ 'ĭ̄ka̤là^ikk^u̯ṓmŭ̄.

12 u̯a̤kă'ə́ƀa̤ ƀa̤'ədm^iĕ̄hū́ 'amṣ'ā́^ika̤ mā̀i̯a̤‿'ā́i̯h lă'əla̤‿mə́dr̥ u̯a̤lă'əla̤‿əlla̤‿i̯əna̤bbə́rŭ̄ u̯^usta̤‿'ălá̤m u̯a̤'a̤ṭ'fā́^ik^u̯ṓmŭ̄ u̯a̤k^u̯ṓna̤ 'ərū́i̯a̤ kùnna̤n^iĕ̄h^u̯ṓmŭ̄. ƀa̤ka̤ma̤‿'amṣ'ā́^ika̤ m^u̯ṓta̤ lă'əla̤‿'addā́m ka̤ma̤hū́ 'amṣ'ā́^ika̤ mā̀i̯a̤‿'ā́i̯h lă'əla̤‿'əllŭ̄hí.

፲፫ ወአትረፍከ ፡ ፩እምውስቴቶሙ ፡ ምስለ ፡ ቤቱ ፡ ዘስሙ ፡ ኖኅ ፡ ወእምኔሁ ፡ ተወልዱ ፡ ኵሎሙ ፡ ጻድቃን ።

፲፬ ወእምዝ ፡ ሶበ ፡ አኀዙ ፡ ይትባዝኁ ፡ ወይምልኡ ፡ እለ ፡ ይነብሩ ፡ ዲበ ፡ ምድር ፡ ወበዝኁ ፡ ውሉዶሙ ፡ ወተወልዱ ፡ እምኔሆሙ ፡ አሕዛብ ፡ ወሕዝብኒ ፡ ብዙኅ ።

፲፭ ወአኀዙ ፡ ከዕበ ፡ የአብሱ ፡ ፈድፋደ ፡ እምዝ ፡ ቀዲሙ ።

፲፮ ወእምዝ ፡ ሶበ ፡ አበሱ ፡ በቅድሜከ ፡ ኀረይከ ፡ እምውስቴቶሙ ፡ አሐደ ፡ ዘስሙ ፡ አብርሃም ፡ ወአፍቀርከሁ ፡ ወአርአይከ ፡ ማኅለቅተ ፡ ዓለም ፡ ባሕቲትከ ፡ ለባሕቲቱ ፡ ሌሊተ ።

፲፯ ወአቀምከ ፡ ሎቱ ፡ ኪዳነ ፡ ዘለዓለም ፡ ከመ ፡ ለግሙራ ፡ ኢትግድፎሙ ፡ ለዘርኡ ፡ እለ ፡ ወፅኡ ፡ እምግብጽ ።

፲፰ ወወሰድኮሙ ፡ ውስተ ፡ ደብረ ፡ ሲና ።

፲፱ ወአጽነንከ ፡ ሰማያተ ፡ ወአድለቅለቃ ፡ ለምድር ፡ ወሆከ ፡ ለዓለም ፡ ወአርዐድከ ፡ ለቀላይ ፡ ወአኮስከ ፡ ለባሕር ።

፳ ወኀለፈ ፡ ፬ አናቅጸ ፡ ስብሐቲከ ፡ ዘእሳትኒ ፡ ወዘድልቅልቅኒ ፡ ወዘመንፈስኒ ፡ ወዘበረድኒ ፡ ከመ ፡ ተሀበሙ ፡ ለዘርአ ፡ ያዕቆብ ፡ ሕገ ፡ ወለዘመደ ፡ እስራኤል ፡ ትእዛዘ ፡ ወባሕቱ ፡ ኢያእተትከ ፡ እምኔሆሙ ፡ ልበ ፡ እኩየ ፡ ከመ ፡ ይግበሩ ፡ ፍሬ ፡ ሕግከ ፡ በላዕሌሆሙ ፤ እስመ ፡ ልበ ፡ እኩየ ፡ ለብሰ ፡ አዳም ፡ ቀዳማዊ ፡ ወተመውአ ።

13 *u̯a̤ʾatrá̤fka̤ ʾăhădá̤ ʾumu̯ᵘstiĕtᵘṓmŭ̄ məsla̤‿biĕtū́ za̤səmū́ nᵘṓh u̯a̤ʾəmənniĕhū́ ta̤u̯á̤ldŭ̄ kulᵘṓmŭ̄ ṣʾădək̇ʾā́n.*

14 *u̯a̤ʾəmzə́ sᵘŏ̄ba̤‿ʾăhā́zŭ̄ i̯ətbăzə́hŭ̄ u̯a̤i̯əmlə́ʾŭ̄ ʾəlla̤‿i̯ᵊna̤bbə́rŭ̄ dī̆ba̤‿mə́dr̥ u̯a̤bá̤zhŭ̄ u̯ᵘlŭ̄dᵘṓmŭ̄ u̯a̤ta̤u̯á̤ldŭ̄ ʾəmənniĕ̄hᵘṓmŭ̄ ʾahzā́b u̯a̤həzbnī́ bəzū́h.*

15 *u̯a̤ʾăhā́zŭ̄ kā̆ʾə́ba̤ i̯a̤ʾabbə́sŭ̄ fa̤dfā́da̤ ʾəmza̤‿k̇ʾa̤dī̆mū́.*

16 *u̯a̤ʾəmzə́ sᵘŏ̄ba̤‿ʾabbá̤sŭ̄ ba̤k̇ʾədmiĕ́ka̤ hā̆rá̤i̯ka̤ ʾumu̯ᵘstiĕtᵘṓmŭ̄ ʾăhā̆dá̤ za̤səmū́ ʾā̆brəhā́m u̯a̤ʾafk̇ʾa̤rkkăhū́ u̯a̤ʾarʾai̯kkᵘṓ màhla̤k̇ʾta̤‿ʾălá̤m bàhtī̆tə́ka̤ la̤bàhtī̆tū́ liĕlī́ta̤.*

17 *u̯a̤ʾăk̇ʾá̤mka̤ lᵘòttū́ kīdàna̤‿za̤la̤ʾălá̤m ka̤ma̤‿la̤gəmū̆rā́ ʾī̆təgdəffᵘṓmŭ̄ la̤za̤rʾū́ ʾəlla̤‿u̯á̤ṣʾŭ̄ ʾəmgə́bṣ̌.*

18 *u̯a̤u̯å̤sa̤dkkᵘṓmŭ̄ u̯ᵘsta̤‿da̤bra̤‿sī̆nā́.*

19 *u̯a̤ʾaṣʾná̤nka̤ sa̤mā̆i̯ā́ta̤ u̯a̤ʾadla̤k̇ʾla̤k̇k̇ʾā́ la̤mə́dr̥ u̯a̤hᵘòkkā́ la̤ʾălá̤m u̯a̤ʾarʾadkkā́ la̤k̇ʾa̤lā́i̯ u̯a̤ʾăkᵘòskkā́ la̤bā́hr̥.*

20 *u̯a̤hălá̤fa̤ ʾàrbăⁱtá̤ ʾănăk̇ʾəṣʾa̤‿səbhătī́ka̤ za̤ʾəsàtnī́ u̯a̤za̤dələk̇ʾlək̇nī́ u̯a̤za̤ma̤nfa̤snī́ u̯a̤za̤ba̤ra̤dnī́ ka̤ma̤‿ta̤habbᵘṓmu la̤za̤ʾră‿i̯ăⁱk̇ʾᵘṓb hə́gga̤ u̯a̤la̤za̤ma̤da̤‿ʾəsrăʾĕ́l təʾzā́za̤ u̯a̤bàhtū́ ʾū̆ăⁱtá̤tka̤ ʾəmənniĕhᵘṓmŭ̄ lə́bba̤ ʾəkkū́i̯a̤ ka̤ma̤‿i̯əgbá̤rŭ̄ fəriĕ‿həggə́ka̤ ba̤lā̆ʾəliĕhᵘṓmŭ̄ ʾəsma̤‿lə́bba̤ ʾəkkū́i̯a̤ lá̤bsa̤ ʾaddā́m k̇ʾa̤dămā̆u̯ī́ u̯a̤ta̤mā́u̯ʾa̤.*

፳፩ ወአኮ ፡ ውእቱ ፡ ባሕቲቱ ፡ አላ ፡ ኵሎሙ ፡ እለ ፡ ተወልዱ ፡ እምኔሁ ።

፳፪ ወእምዝ ፡ ነበረት ፡ ይእቲ ፡ ደዌ ፡ ምስለ ፡ ሕግከ ፡ ውስተ ፡ ልበ ፡ ሕዝብ ፡ ምስለ ፡ ሥርው ፡ እኩይ ።

፳፫ ወጠፍአት ፡ ሠናይት ፡ ወተርፈት ፡ እኪት ፡ ወኀለፈ ፡ መዋዕል ፡ ወተፈጸማ ፡ ዓመታት ።

፳፬ ወአቀምከ ፡ ለከ ፡ ገብረከ ፡ ዘስሙ ፡ ዳዊት ፡ ወትቤሎ ፡ ይሕንጽ ፡ ሀገረ ፡ ለስምከ ፡ ወያብእ ፡ በውስቴታ ፡ እምነ ፡ መባእከ ።

፳፭ ወኮነ ፡ ብዙኀ ፡ ዓመተ ፡ ወአበሱ ፡ እለ ፡ ይነብሩ ፡ ውስተ ፡ ምድር ፡ እንዘ ፡ አልቦ ፡ ዘያሤንዩ ፡ ወኢምንትኒ ፡ በከመ ፡ ገብረ ፡ አዳም ፡ ወኵሉ ፡ ትውልዱ ፡ እስመ ፡ እሙንቱሂ ፡ ለብስዎ ፡ ለእኩይ ፡ ልብ ።

፳፮ ወመጠውከ ፡ ሀገረከ ፡ ውስተ ፡ እደ ፡ ጸላእትከ ።

፳፯ ወእቤ ፡ አነ ፡ በልብየ ፡ ይእተ ፡ አሚረ ፡ ቦኑ ፡ ዘይኄይሱ ፡ እምኔነ ፡ በገቢረ ፡ ጽድቅ ፡ እለ ፡ ይነብሩ ፡ ውስተ ፡ ባቢሎን ፡ ከመ ፡ ይንሥእዋ ፡ ለሀገረ ፡ ጽዮን ።

፳፰ ወእምዝ ፡ ሶበ ፡ በጻሕኩ ፡ ዝየ ፡ ርኢኩ ፡ ኀጢአተ ፡ ዘአልቦ ፡ ኍልቍ ፡ ወብዙኃነ ፡ ከሓድያነ ፡ ርእየት ፡ ነፍስየ ።

፳፱ ናሁ ፡ ፴ ዓመተ ፡ በዝንቱ ፡ አንከሮ ፡ አንከረት ፡ ልብየ ፡ እፎ ፡ ትትዔገሦሙ ፡ ለኃጥአን ፡ ርኢይየ ፡ ወከመ ፡ ትምህኮሙ ፡ ለረሲዓን ፡ ወገደፍከ ፡ ሕዝበከ ፡ ወዐቀብከ ፡ ጸላእተከ ።

---

21 *u̯a̤'akkᵘō u̯ə'ətū ḇàhtītū 'ălă_kulᵘōmū 'əlla̤_ta̤u̯áldū 'əmənnⁱĕhū.*

22 *u̯a̤'əmzə́ na̤ḇára̤t i̯ə'ətī da̤u̯ⁱé məsla̤_həggə́ka̤ u̯ᵘsta̤_ləbba̤_hə́zḇ məsla̤_sə́ru̯ 'əkkūi̯.*

23 *u̯a̤ṭ'á̤f'at sa̤nnāi̯t u̯a̤tá̤rfa̤t 'əkkīt u̯a̤hăláfa̤ ma̤u̯ā'əl u̯a̤ta̤fa̤ṣṣ'á̤mă 'ăma̤tāt.*

24 *u̯a̤'ăḳ'á̤mka̤ lá̤ka̤ ga̤ḇrá̤ka̤ za̤səmū dău̯ít u̯a̤təḇⁱēlᵘō i̯ə́hnəṣ' hăgá̤ra̤ la̤səmə́ka̤ u̯a̤i̯āḇə(') ba̤u̯ᵘstⁱētā 'əmənna̤_ma̤ḇā'əka̤.*

25 *u̯a̤kᵘōna̤ ḇəzūhă 'ămá̤ta̤ u̯a̤'abbá̤sū 'əlla̤_i̯ᵊna̤bbə́rū u̯ᵘsta̤_mə́dr̥ 'ənza̤_'alḇᵘō za̤i̯ăsⁱènnə́i̯ū u̯a̤'īməntᵊní ba̤ka̤ma̤_gá̤ḇra̤ 'addám u̯a̤kulū təu̯ᵘldū 'əsma̤_'əmūntūhí la̤bsūu̯ō la̤'əkkūi̯ lə́bb.*

26 *u̯a̤ma̤ṭṭ'á̤u̯ka̤ hăga̤rá̤ka̤ u̯ᵘsta̤_'əda̤_ṣ'a̤lă'ətə́ka̤.*

27 *u̯a̤'əḇⁱé 'ána̤ ḇa̤ləbbə́i̯a̤ i̯ə'ə́ta̤ 'ămīra̤ bᵘōnū za̤i̯ᵊhèu̯ə́sū 'əmənnⁱéna̤ ba̤ga̤ḇīra̤_ṣ'ə́dk' 'əlla̤_i̯ᵊna̤bbə́rū uᵘsta̤_bbăḇílᵘon[1] ka̤ma̤_i̯ənsə'ūu̯ă la̤hăga̤ra̤_ṣ'əi̯ᵘōn.*

28 *u̯a̤'əmzə́ sᵘōḇa̤_ḇa̤sāhkū zə́i̯a̤ rə'īkū hăṭ'īāta̤ za̤'alḇᵘō húlḳ'ᵘ u̯a̤ḇezūhāna̤ ka̤hădᵊi̯āna̤ rə'ə́i̯a̤t na̤fsə́i̯a̤.*

29 *năhū sa̤la̤să 'ămá̤ta̤ ḇa̤zəntū 'ankərᵘō 'anká̤ra̤t ləbbə́i̯a̤ 'əfᵘō tət'èggа̤sᵘōmū la̤hăṭ'ə'ān rə'īi̯ə́i̯a̤ u̯a̤ka̤ma̤_təməhəkᵘōmū la̤ra̤sī'ān u̯a̤ga̤dá̤fka̤ hezḇá̤ka̤ u̯a̤-'ăḳ'á̤ḇka̤ ṣ'a̤lă'əta̤ka̤.*

---

[1] Zur Verdoppelung des *b* in dieser Verbindung vgl. oben Seite 12.

፴ ወኢነገርከ ፡ ወኢለመኑሂ ፡ እፎ ፡ ደኃሪታ ፡ ለዛቲ ፡ ፍኖት ።
፴፩ ቦኑ ፡ ዘይኄይሱ ፡ ባቢሎን ፡ እምጽዮን ፡ ገቢረ ።
፴፪ አው ፡ ካልእኑ ፡ ሕዝብ ፡ አእመረከ ፡ እምእስራኤል ።
፴፫ አው ፡ አይኑ ፡ ሕዝብ ፡ አምነከ ፡ ከመ ፡ ያዕቆብ ፡ በሕግከ ፡ ዘኢያስተርኢ ፡
ዕሴቱ ፡ ወኢፈረየ ፡ ጻማሁ ።
፴፬ ሖርኩ ፡ ውስተ ፡ አሕዛብ ፡ ወረከብክዎሙ ፡ ፍሡሓኒሆሙ ፡ እንዘ ፡ ኢይ
ዜከሩ ፡ ሕገከ ፡ ወትእዛዘከ ።
፴፭ ወይእዜኒ ፡ ድሉ ፡ በመዳልው ፡ ኀጣውኢነ ፡ ወዘእለ ፡ ይነብሩ ፡ ውስተ ፡
ባቢሎን ፡ ዘበ ፡ ኀቤሁ ፡ ይትረከብ ፡ ሕቀ ፡ መጠነ ፡ እንተ ፡ ታገብእ ፡ ዐ
ይነ ፡ መዳልው ።
፴፮ ወማእዜኑ ፡ ኢአበሱ ፡ በቅድሜከ ፡ እለ ፡ ይነብሩ ፡ ውስተ ፡ ዓለም ፡ አው ፡
አይኑ ፡ ሕዝብ ፡ ዘከመዝ ፡ ዐቀበ ፡ ትእዛዘከ ፤ ወሕዝብሰ ፡ ዘፍጹም ፡ ኢ
ይትረከብ ።

Kap. 13, Vers 1—26.

፩ ወእምዝ ፡ እምድኅረ ፡ ሰቡዕ ፡ መዋዕል ፡ ሐለምኩ ፡ ሕልመ ፡ በሌሊት ፡ ወ
ናሁ ፡ እሬኢ ፡ ነፋስ ፡ ዐቢይ ፡ ዘይወፅእ ፡ እምባሕር[1] ፡ ወተሀውከ ፡ ኵ
ሉ ፡ መዋግዲሃ ፡ ወእሬኢ ፡ ይወፅእ ፡ ውእቱ ፡ ነፋስ ፡ እምባሕር ፡ ከመ ፡
አምሳለ ፡ ብእሲ ።

[1] So, nicht እባሕር ፡, lasen meine Gewährsmänner; s. oben Seite 11, Anm. 1.

30 *u̯a̯ʾĭnagárka̯ u̯a̯ʾĭlamannŭhí ʾəfu̯ó dahắrĭtá lazàttí fənu̯ót.*
31 *bu̯ṓnú za̯i̯əhèi̯i̯ə́sŭ bắbílu̯on ʾəmṣ̌əi̯u̯ṓn ga̯bíra̯.*
32 *ʾắu̯_kắlə̀ʾnú hə́zb ʾắimarákka̯ ʾəmʾəsrắʾél.*
33 *ʾắu̯_ʾắi̯nú hə́zb ʾamnákka̯ kama̯_i̯ắik̇u̯ṓb bahəggə́ka̯ za̯ʾĭi̯ástarə́ʾĭ ʾəsiĕtú u̯a̯ʾĭfaráia̯*
ṣ̌ʾa̯măhú.
34 *hu̯ṓrkŭ u̯usta̯_ʾahzắb u̯arakabkŭu̯ṓmŭ fəssŭhănĭhu̯ṓmŭ ʾənza̯_ʾĭi̯əzziềkkárŭ həggáka̯*
u̯atəʾzăzáka̯.
35 *u̯ai̯əʾəziĕní də́lŭ ba̯madắlu̯ hắṭʾắu̯əʾína̯ u̯azaʾəlla̯_i̯ənabbə́rŭ u̯usta̯_bbắbílu̯on za̯ba̯_*
hắbiĕhú i̯ətrákkab hə́k̇k̇ʾa̯ ma̯ṭʾána̯ ʾənta̯_tăgábbə(ʾ) ʾắina̯_ma̯dắlu̯.
36 *u̯amăʾəziĕnú ʾĭʾabbásŭ bak̇ʾədmiĕka̯ ʾəlla̯_i̯ənabbə́rŭ u̯usta̯_ʾắlám ʾắu̯_ʾắi̯nú hə́zb*
za̯ka̯ma̯zə́ ʾắk̇ʾába̯ təʾzăzáka̯ u̯ahəzbəssá za̯fes̩s̩ʾŭm ʾĭi̯ətrák̇kab.

13.

1 *u̯a̯ʾəmzə́ ʾəmdəhra̯_sa̯bú(ʾ) ma̯u̯ắʾəl hắlámkŭ hə́lma̯ ba̯liĕlít u̯anắhú ʾəriéʾĭ na̯fắs*
ʾắbíi̯ za̯i̯əu̯áṣṣʾə(ʾ) ʾəmbắhr u̯ata̯hắu̯ka̯ kulú ma̯u̯ăgədĭhá u̯a̯ʾəriéʾĭ i̯əu̯áṣṣʾə(ʾ)
u̯əʾə́tŭ na̯fắs ʾəmbắhr ka̯ma̯_ʾamsàla̯_bəʾəsí.

፪ ወእምዝ ፡ ሰረረ ፡ ውእቱ ፡ ብእሲ ፡ ምስለ ፡ ደመናተ ፡ ሰማይ ።

፫ ወኀበ ፡ ሜጠ ፡ ገጾ ፡ ወነጸረ ፡ በጊዜሁ ፡ ይገብእ ፡ ኵሉ ፡ ቅድሜሁ ።

፬ ወላዕለ ፡ ዘወፅአ ፡ ቃሉ ፡

፭ ይትመሰው ፡ ኵሎሙ ፡ እለ ፡ ሰምዕዎ ፡ ለቃሉ ፡ ከመ ፡ ይትመሰው ፡ መዓ
ረ ፡ ግራ ፡ ሶበ ፡ ይቀርብ ፡ ኀበ ፡ እሳት ።

፮ ወእምዝ ፡ ርኢኩ ፡ ሰብእ ፡ ብዙኀ ፡ ተጋብኡ ፡ ዘአልቦ ፡ ኍልቍ ፡ እምነ ፡
፬ ነፋሳተ ፡ ሰማይ ፡ ከመ ፡ ይጽብእዎ ፡ ለውእቱ ፡ ብእሲ ፡ ዘወፅአ ፡ እም
ባሕር ።

፯ ወእምዝ ፡ ሐነጸ ፡ ሎቱ ፡ ደብረ ፡ ዐቢየ ፡ ወሰረረ ፡ ላዕሌሁ ።

፰ ወኀሠሥኩ ፡ ኣእምር ፡ እምአይቴ ፡ ዘተሐንጸ ፡ ውእቱ ፡ ደብር ፡ ወስእንኩ ።

፱ ወእምዝ ፡ ኵሎሙ ፡ እልክቱ ፡ እለ ፡ ተጋብኡ ፡ ላዕሌሁ ፡ ከመ ፡ ይጽብእ
ዎ ፡ ፈርህዎ ፡ ጥቀ ።

፲ ወባሕቱ ፡ ይትኀበሉ ፡ ይጽብእዎ ፲ ወእምዝ ፡ ሶበ ፡ ርእዮ ፡ ወመጽኡ ፡ ላ
ዕሌሁ ፡ ኢያንሥአ ፡ እዴሁ ፡ ወኢያልዐለ ፡ ኲናቶ ፡ ወኢምንተኒ ፡ ንዋ
የ ፡ ሐቅል ።

፲፩ ዘእንበለ ፡ ዳእሙ ፡ እምነ ፡ አፉሁ ፡ መዋግደ ፡ እሳት ፡ ወፅአ ።

፲፪ ወእምነ ፡ ከናፍሪሁ ፡ ነደ ፡ እሳት ።

፲፫ ወእምነ ፡ ልሳኑ ፡ አፍሓመ ፡ እሳት ፡ ከመ ፡ ዐውሎ ፡ አውፅአ ።

---

2 *u̯a̯'əmzə́ sa̯rá̯ra̯ u̯ə'ə́tǖ ƀə'əsī́ məsla̯‿da̯ma̯nà̯ta̯‿sa̯mā́i̯.*

3 *u̯a̯hăƀa̯‿miḗṭ'a̯ ga̯ṣ'ᵘṓ u̯a̯na̯ṣṣ'á̯ra̯ ƀa̯gī̆ziĕhū́ i̯ᵊgá̯bbə(') kulū́ ḳ'ədmiĕhū́.*

4 *u̯a̯lă'əla̯‿za̯u̯ā́ṣ'ă ḳ'ălū́*

5 *i̯etmá̯ssa̯u̯ kulᵘṓmū̆ 'əlla̯‿sa̯m'ū́u̯ŏ̆ la̯ḳ'ălū́ ka̯ma̯‿i̯ətmá̯ssa̯u̯ ma̯'à̯ra̯‿gərā́ sᵘŏ̆ƀa̯‿
i̯ᵊḳ'á̯rrəƀ hăƀa̯‿'əsā́t.*

6 *u̯a̯'əmzə́ rə'ī́kū̆ sá̯ƀ bəzū́h ta̯gă̆ƀə́'ū̆ za̯'alƀᵘṓ hulḳ'ᵘ 'əmenna̯‿'arƀăi̯tū́ na̯fă̆sà̯ta̯‿
sa̯mā́i̯ ka̯ma̯‿i̯əṣ'bə'ū́u̯ŏ̆ la̯u̯ə'ə́tū̆ ƀə'əsí za̯u̯ā́ṣ'ă 'əmbā́hr.*

7 *u̯a̯'əmzə́ hănáṣ'a̯ lᵘòttū́ dá̯ƀra̯ 'ăƀī́i̯a̯ u̯a̯sa̯rá̯ra̯ lă'əliĕhū́.*

8 *u̯a̯hăsá̯skū̆ 'ā́ⁱmər 'əm'ăi̯tiḗ za̯ta̯hā́nṣ'a̯ u̯ə'ə́tū̆ dá̯ƀr u̯a̯sə'ə́nkū̆.*

9 *u̯a̯'əmzə́ kulᵘṓmū̆ 'əllə̀kᵊtū́ 'əlla̯‿ta̯gă̆ƀə́'ū̆ lă'əliĕhū́ ka̯ma̯‿i̯əṣ'bə'ū́u̯ŏ̆ fa̯rhū́u̯ŏ̆
ṭ'ə́ḳḳ'a̯.*

10 *u̯a̯ƀàhtū́ i̯əthabbá̯lū́ i̯əṣ'bə'ū́u̯ŏ̆ u̯a̯'əmzə́ sᵘŏ̆ƀa̯‿rᵘŏ̆dū́u̯ŏ̆ u̯a̯má̯ṣ'ū̆ lă'əliĕhū́ 'ī̆i̯à̯nsə́'ă
'ədiĕhū́ u̯a̯'ī̆i̯al'ā́la̯ kunăᵗᵘṓ u̯a̯'ī̆mə̀nta̯ní nᵊu̯ăi̯a̯‿hȧḳ'l̥.*

11 *za̯'ənƀa̯la̯‿dă'emū́ 'əmənna̯‿'ăfū̆hū́ ma̯u̯ăgəda̯‿'əsā́t u̯ā́ṣ'ă.*

12 *u̯a̯'əmənna̯‿ka̯năfərī̆hū́ na̯dda̯‿'əsā́t.*

13 *u̯a̯'əmənna̯‿ləsănū́ 'afhà̯ma̯‿'əsā́t ka̯ma̯‿'ău̯lᵘṓ 'ău̯ṣ'ə́'ă.*

፲፬ ወኵሉ ፡ ተደመረ ፡ ዝክቱ ፡ መዋግደ ፡ እሳት ፡ ወዝክቱኒ ፡ ነደ ፡ እሳት ፡ ወ
ዝክቱኒ ፡ አፍሓመ ፡ እሳት ።

፲፭ ወኮነ ፡ ከመ ፡ ዐውሎ ፡ ወወረደ ፡ ላዕለ ፡ እልክቱ ፡ ብዙኃን ፡ እለ ፡ ሮድዎ ፡
ከመ ፡ ይቅትልዎ ።

፲፮ ወአውዐዮሙ ፡ ለኵሎሙ ፡ እስከ ፡ አልቦ ፡ ዘአትረፈ ፡ እምኔሆሙ ፡ እን
በለ ፡ ጸበለ ፡ ሐመዶሙ ፡ ወጢሰ ፡ ዋዕዮሙ ።

፲፯ ወእምዝ ፡ ነቃህኩ ፡ ወእምድኅረ ፡ ዝንቱ ፡ ርኢክዎ ፡ ለውእቱ ፡ ብእሲ ፡
ወረደ ፡ እምነ ፡ ዝክቱ ፡ ደብር ፡ ወጸውዐ ፡ ኀቤሁ ፡ ባዕዳነ ፡ ብዙኃነ ፡ ሰ
ንአሁ ።

፲፰ ወመጽኡ ፡ ኀቤሁ ፡ ብዙኃን ፡ ሰብእ ።

፲፱ ወቦ ፡ እምውስቴቶሙ ፡ ፍሡሓን ፡ ወቦ ፡ እምውስቴቶሙ ፡ ሕዙናን ፡ ወ
ሙቁሓን ።

፳ ወእምዝ ፡ ሶበ ፡ በጽሐኒ ፡ ደንገፅኩ ፡ ወነቃህኩ ፡ ወጸለይኩ ፡ ኀበ ፡ ልዑል ፡
ወእቤሎ ፤ ቀዲሙኒ ፡ አንተ ፡ አርአይኮ ፡ ለገብርከ ፡ ዘንተ ፡ ስብሐቲከ ፡
ወረሰይከ ፡ ሊተ ፡ ከመ ፡ ትስማዕ ፡ ጸሎትየ ።

፳፩ ወይእዜኒ ፡ ንግረኒ ፡ ዓዲ ፡ ፍከሬሁ ፡ ለዝንቱ ፡ ሕልም ።

፳፪ ወባሕቱ ፡ ከመሰ ፡ እትሐዘብ ፡ አሌ ፡ሎሙ ፡ ለእለ ፡ ሀለዉ ፡ በእማንቱ ፡
መዋዕል ፡ ወፈድፋደሰ ፡ ለእለ ፡ ኢሀለዉ ።

---

14 *u̯a̤kulŭ́ ta̤da̤mma̤ra̤ zəktŭ́ ma̤u̯ăgəda̤‿ʾəsắt u̯a̤zəktŭ̆ní na̤dda̤‿ʾəsắt u̯a̤zəktŭ̆ní ʾafhàma̤‿ʾəsắt.*

15 *u̯a̤kʷōna̤ ka̤ma̤‿ʾău̯lʷ u̯a̤u̯a̤rá̤da̤ lăʾəla̤‿ʾəllàkʷtŭ́ bəzŭ̆hắn ʾəlla̤‿rʷŏdŭ́u̯ŏ̆ ka̤ma̤‿i̯əḳʾtəlŭ́u̯ŏ̆.*

16 *u̯a̤ʾău̯ʾăi̯ʷōmŭ̆ la̤kulʷōmŭ̆ ʾəska̤‿ʾalƀʷó za̤ʾatrá̤fa̤ ʾəmənnʲĕhʷōmŭ̆ ʾənƀa̤la̤‿ṣ̌ʾa̤ƀà̤la̤‿hămu̯ulʷōmu u̯ui̯ʾisu̯‿u̯aʾi̯ʷōmu.*

17 *u̯a̤ʾəmzə́ na̤ḳʾắhkŭ̆ u̯a̤ʾəmdəhra̤‿zəntŭ́ rəʾĭ̆kŭ́u̯ŏ̆ la̤u̯əʾətŭ̆ ƀəʾəsí u̯a̤rá̤da̤ ʾəmənna̤‿zəktŭ́ dá̤ƀr u̯a̤ṣ̌ʾa̤u̯u̯əʾă hăƀʲĕhŭ́ ƀăʾədá̤na̤ ƀəzŭ̆há̤na̤ sənʾăhŭ́.*

18 *u̯a̤má̤ṣ̌ʾŭ̆ hăƀʲĕhŭ́ bəzŭ̆hắn sá̤ƀ.*

19 *u̯a̤ƀʷó ʾumu̯ᵘstʲĕtʷōmŭ̆ fəssŭ̆hắn u̯a̤ƀʷó ʾumu̯ᵘstʲĕtʷōmŭ̆ həzŭ̆nắn u̯a̤mŭ̆ḳʾŭ̆hắn.*

20 *u̯a̤ʾəmzə́ sʷŏ̆ƀa̤‿ƀa̤ṣ̌ʾhắnnĭ̆ da̤ngá̤ṣ̌ʾkŭ̆ u̯a̤na̤ḳʾắhkŭ̆ u̯a̤ṣ̌ʾa̤llá̤i̯kŭ̆ hăƀa̤‿ləʾŭ́l u̯a̤ʾəƀʲĕ̆lʷó ḳʾa̤dĭ̆mŭ̆ní ʾə́nta̤ ʾarʾa̤i̯kkʷó la̤ga̤ƀrəka̤ zá̤nta̤ səƀhătíka̤ u̯a̤ra̤ssá̤i̯ka̤ líta̤ ka̤ma̤‿tə́smă ṣ̌ʾa̤lʷŏ̆tə́i̯a̤.*

21 *u̯a̤i̯əʾəzʲĕ̆ní nəgrá̤nnĭ̆ ʾădí fəkkărʲĕhŭ́ la̤zəntŭ́ hə́lm.*

22 *u̯a̤ƀàhtŭ́ ka̤ma̤ssá̤ ʾəthắzza̤ƀ ʾallʲè‿lʷōmŭ̆ la̤ʾəlla̤‿halláu̯ŭ̆ ƀa̤ʾəmàntŭ́‿ma̤u̯ăʾəl u̯a̤fa̤dfàda̤ssá̤ la̤ʾəlla̤‿ʾĭ̆halláu̯ŭ̆.*

፳፫ እስመ ፡ የሐዝኑ ፡ በኢያእምሮ ፡ ዘጽኑሕ ፡ ሎሙ ፡ በደኃሪ ፡ መዋዕል ፡ ዘ
ዓዲ ፡ ኢበጽሐሙ ።

፳፬ ወለእለሰ ፡ ሀለዉ ፡ እስመ ፡ ወድኡ ፡ አእመርዎ ።

፳፭ ወበበይኑ ፡ ዝንቱ ፡ አሌ ፡ ሎሙ ፡ እስመ ፡ ይሬእዩ ፡ ዐቢየ ፡ ጻዕረ ፡ ወብዙ
ኀ ፡ ሥቃየ ፡ በከመ ፡ ርኢኩ ፡ በውስተ ፡ ዝንቱ ፡ ሕልም ።

፳፮ ወባሕቱ ፡ ይኄይስ ፡ ሕማም ፡ ወይበጽሕዎ ፡ ለዝንቱ ፡ እምነ ፡ ይኀልፉ ፡ እ
ምውስተ ፡ ዓለም ፡ ከመ ፡ ደመና ፡ ወኢያአምሩ ፡ እንተ ፡ ትረክበሙ ፡
በደኃሪቶሙ ።

IV.

Stück aus dem Synaxar über Abba Salama.

(Dillmann, Chrestomathie S. 33. — Cohen S. 264.)

በዛቲ ፡ ዕለት ፡ አዕረፈ ፡ አባ ፡ ሰላማ ፡ ከሣቴ ፡ ብርሃን ፡ ጳጳስ ፡ ዘኢትዮጵያ ፡ ወከመዝ ፡ ውእቱ ፡ ዜናሁ ። መጽአ ፡ ፩ ብእሲ ፡ እምብሔረ ፡ ጽርዕ ፡ ዘስሙ ፡ ሜሮ(በ)ጵዮስ ፡ ሊቀ ፡ ጠበብት ፡ እንዘ ፡ ይፈቅድ ፡ ይርአያ ፡ ለብሔረ ፡ ኢትዮጵያ ፡ ወምስሌሁ ፡ ፪ ደቂቅ ፡ እምአዝማዲሁ ፤ ስሙ ፡ ለ፩ ፍሬምናጦስ ፡ ወለካልኡ ፡ አድስዮስ ፡ ወቦ ፡ እለ ፡ ይሰምይዎ ፡ ሲድራኮስ ።

---

23 *'əsma‿i̯ăhàzzə́nŭ ƀa'ĭi̯ăimərᵘṓ zaṣ'ənúh lᵘṓmŭ badahări‿mau̯ă'ə́l za'ădí 'ĭƀaṣ'hᵘṓmŭ.*

24 *u̯ala'əllassá hallá u̯ŭ 'əsma‿u̯åddə́'ŭ 'ăimarúu̯ŏ.*

25 *u̯aƀaƀai̯nŭ‿zəntú 'allìè‿lᵘṓmŭ 'əsma‿i̯ərìĕ'əi̯ŭ 'ăƀíi̯a ṣ'ă'ə́ra u̯aƀəzúhă sək'ái̯a ƀakama‿rə'íkŭ ƀau̯ᵘsta‿zəntú hə́lm.*

26 *u̯aƀàhtú i̯ᵊhéi̯i̯əs həmā́m u̯ai̯ᵊƀaṣṣ'əhúu̯ŏ la‿əntú 'əmənna‿i̯əhlə́fŭ 'umu̯ᵘsta‿'ălám kama‿damaná u̯a'ŭi̯ă'àmmə́rŭ 'ənta‿tərakkəƀᵘṓmŭ ƀadahărītᵘṓmŭ.*

IV.

bazàttí 'əlát[1] *'ăirá fa 'abbă‿salămá kasătìĕ‿ƀərhán p'app'ás za'ĭti̯ᵘòp'i̯á u̯akamazə́ u̯ə'ə́tŭ zìĕnăhú. máṣ'ă 'ăhădú ƀə'əsí 'əmbᵊhèra‿ṣ'ə́r' zasəmú mìĕrᵘŏ(ƀᵘŏ)p'əi̯ᵘos lìk'a‿t'abbáƀt 'ənza‿i̯ᵊfákk'əd i̯ər'ái̯i̯ă*[2] *laƀᵊhèra‿'ĭti̯ᵘòp'i̯á u̯aməslìĕhú kelə'é dak'ík' 'əmazmădĭhú səmú la'ăhădú fərìèmnăt'ᵘós u̯alakălə'ŭ 'adsəi̯ᵘós u̯aƀᵘṓ 'əlla‿i̯ᵊsamməi̯úu̯ŏ sidrákᵘos.*

---

[1] Cohen *'əlăt*. Ich habe das Wort hier, wie immer, als *'əlát* gehört.

[2] So Blatta Heruī; Cohen *yər.ayyá*; doch vgl. oben Seite 22.

X.

Phonetische Umschrift der bei Trumpp vorkommenden äthiopischen Wörter in alphabetischer Reihenfolge.

Vorbemerkung.

Sämtliche in E. Trumpps Abhandlung »Über den Accent im Äthiopischen«, ZDMG. Bd. 28, Seite 515—561 vorkommenden Wörter sind im folgenden zusammengestellt. Sie sind in üblicher Weise nach der dreiradikaligen »Wurzel« geordnet, so daß also ein Wort wie ልደት፡ unter ወለደ፡ aufgeführt wird. Die Zahlen nach den einzelnen Worten bezeichnen die Seite in Trumpps Abhandlung, die Zahlen hinter D. die Seite in Dillmanns Lexikon, auf der sich das betreffende Wort findet. Die Umschrift gibt die Art und Weise wieder, wie ich das fragliche Wort gehört habe. Wo nichts anderes bemerkt ist, herrschte in bezug auf die Aussprache zwischen meinen Gewährsmännern Übereinstimmung. Wo Aleka Taje und Blatta Heruï in der Aussprache eines Wortes voneinander abwichen, ist das besonders vermerkt.

Die Pronomina, Zahlwörter und andere Formen, die in den Abschnitten V—VII behandelt werden, sind im folgenden im allgemeinen nicht berücksichtigt. Mit I. 1, I. 2 usw. sind die verschiedenen Verbalkonjugationen nach Dillmanns Weise bezeichnet.

ሃ፡ 544. — D. 2. *hắ* den Eigennamen im Akkusativ angehängt. Es hat immer den Druck. Hingegen trifft es nicht zu, daß »das Wort selbst seine Tonverhältnisse bewahrt«. So wird ማርያምሃ፡ nicht *maryắm-hắ*, sondern *marịamhắ* gesprochen und ይሁዳሃ፡ lautet nicht *yehūdắ-hắ*, sondern *ịᵊhŭ̈dăhắ*. Die ursprüngliche Drucksilbe des Eigennamens kann einen Nebendruck haben; ein Beispiel siehe oben Seite 41.

ሀለወ፡ / ሀሎ፡ } 522. — D. 3. — I. 2 »sein«. — *halláụạ* bzw. *hallᵘó*.

ሀሌው፡ 534. 519 »seiend« *həllᵊụ* (*həllú*). — Femininum: ሀሌውት፡ oder ሀሉት፡ 541 *həllᵊụt* bzw. *həllút*, mit doppeltem, nicht mit einfachem *l*[1].

ሄኖክ፡ 531. — D. 1409 n. pr. »Henoch« *hḗnᵘok*.

ተሀውከ፡ III. 1. 523. — D. 12 »bestürzt werden« *tạhắụkạ*.

ሀየ፡ 559. — D. 13 »dort« *həịá*; siehe oben Seite 44.

[1] Also hat Ludolf — gegen Trumpps Behauptung — richtig gehört; vgl. Cohen S. 256.

ሀገር ፡ 545; 521. — D. 20 »Stadt« *hăgá̤r*. Akk. ሀገረ ፡ ibid. *hăgá̤ra̤*.
ሀገሪት ፡ 540. — D. 20 »Stadtvolk« *hăga̤rít*.

ልሂቅ ፡ 541. — D. 26 »alt« *ləhíḳ'*. — Femin. ልሀቅት ፡ ibid. *ləhə́ḳ't*. — Plur. ልሂቃን ፡; Akk. ልሂቃነ ፡ 545 »Älteste« *ləhĭ̆ḳ'ā́n* bzw. *ləhĭ̆ḳ'ā́na̤*.

ለሀየ ፡
  ተላሀይ ፡ Inf. III. 1. 540. — D. 29 »spielen« (nicht »sich bewegen«) *ta̤lăhəi̯*.

ለሐወ ፡
  I. 3. ላሐወ ፡ 522. — D. 32 »trauern« *lăhắu̯a̤*. — 3. p. sg. Impf. ይላሑ ፡ 529 *i̯əláhŭ̆* (mit einfachem Laryngal; siehe oben Seite 19).

ላሒይ ፡ 542. — D. 33 »schön« *lăhəi̯*. — Akk. ላሒየ ፡ 545 *lăhə́i̯a̤*. — Fem. ላሒይት ፡ 542 *lăhəi̯t*.

ልምሉም ፡ 537. — D. 35 »grün, frisch« *ləmlŭ́m*.

ለብሰ ፡
  መልበስት ፡ 538. — D. 41 »Kleidung« *ma̤lbá̤st*.

ላእላእ ፡ 537. — Richtiger D. 60 ላዕላዕ ፡ »stammelnd« *lăˀlắ*.

ለአከ ፡
  መልአክ ፡ 544. — D. 48 »Gesandter, Engel« *ma̤lˀā́k*. — Pl. መላእክት ፡ *ma̤lăˀəkt*.

ለዋው ፡ 536. — D. 54 »bösartig« *la̤u̯u̯ău̯*.

ለዐለ ፡
  ላዕለ ፡ 560. — D. 56 »über, oberhalb, gegen« *lăˀəla̤‿*.
  ላዕላይ ፡ 539. — D. 59 »der obere« *lăˀlăi̯*.
  ላዕልይ ፡ ibid. »der obere« *lăˀləi̯*.
  መልዕልተ ፡ ibid. »oberhalb« *ma̤lˀəlta̤‿*.

ሌሊት ፡ 543. — D. 52 »Nacht« *li̯ĕlít*. — Pl. ለያልይ ፡ *la̤i̯ăləi̯*.

ሌለየ ፡
  መሌሊት ፡ 544. — D. 61 »Gelenk« *ma̤li̯ĕlīt*. — Pl. መለያልይ ፡ *ma̤la̤i̯ăləi̯*.

ሉፁይ ፡ 536. — Richtiger D. 65 ሉጹይ ፡ »rasiert« *lŭ̆ṣ'ŭ́i̯*.

ሐመልሚል ፡ 536 (mit ኀ geschrieben). — D. 71 »grün« *hăma̤lmíl*.
ምሕራም ፡ 538. — D. 84 »Tempel« *məhrā́m*.
ሐሩር ፡ 535. — D. 85 »Hitze« *hărū́r*.
ሐራሲ ፡ 539. — D. 86 »Ackersmann« *hărăsí*; siehe oben Seite 28, Anm. 6.
ሐራውያ ፡ D. 88 »Schwein« *hărău̯i̯ắ*; Pl. አሕርው ፡ 543 *'ahrəu̯*.

ሐስል ፡ 542 (mit ኀ). — D. 91 »Sack« *hásl̥*; Pl. አሕሳል ፡ *'aḥsāl* (die Form አሕስል ፡ erkannte Aleka Taje nicht an).

ሐቀረ ፡ 3. m. sg. Subj.-Juss. IV. 1. ያስታሕቅር ፡ 529 (Trumpp schreibt und umschreibt ያስታቅር ፡ !). — D. 529 »er schätze gering« *i̯ästăhk'ər*.

ሐብል ፡ 532. — D. 100 »Seil« *hábl̥*.

ሐተተ ፡

ማሕተት ፡ 538. — D. 106 »Zeugnis, Zeuge« *mahtạ́t*.

ሖረ ፡ 521. — D. 113 »gehen« *hᵘórạ*.

ሐዝሐዝ ፡ 537. — D. 120 »Sumpf« *hazhā̆z*.

ሕዝአት ፡ 533. — D. 124 »Stall« *hez'ăt*.

ሐይወ ፡

ሐይው ፡ 540. — D. 126 Inf. »Leben« *hăi̯ᵊu̯*.

ሕያው ፡ 519; 534. — D. 127 »lebendig« *həi̯ā̆u̯*.

ሕይወት ፡ 533. — D. 127 »Leben« *hei̯u̯ắt*.

ሐጕል ፡ 544. — Besser D. 19 ሀጕል ፡ »Untergang« *hăgúl*. — Akk. ሐጕለ ፡ 545, besser ሀጕለ ፡ *hăgúlạ*.

-መ 559. — D. 141 Enklitisches Adverb *-mmạ́*; siehe oben Seite 30 und 44.

መሀረ ፡

ተመሀረ ፡ } 523. — D. 143. — III. 2, selten III. 1 »lernen« *tạmạhā̆rạ*
ተምሀረ ፡ } (mit einfachem Laryngal) bzw. *tạmə́hrạ*.

መምህር ፡ 537. — D. 144 »Lehrer« *mạmhə́r* (nicht: »*maméhher*«!; siehe oben Seite 19).

ማሀረከ ፡ 3. m. sg. Impf. ይመሀርክ ፡ 527. — D. 7 »er wird erbeuten« *i̯ᵊmạhā̆rrək*.

ማህው ፡ 535. — D. 146 »Glas« *mā̆hᵊu̯*.

መልአ ፡ 521. — D. 148 »voll sein« *mạ́l'ă*. — III. 1 ተመልአ ፡ 523. — D. 149 *tạmạ́l'ă*.

ምሉእ ፡ 534. — D. 149 »voll« *məlū̆(')*.

መለከ ፡

ምልክና ፡ 540. — D. 151 »Herrschaft« *məlkᵊnnā̆*.

መምለኪ ፡ 539. — D. 152 »Gottesverehrer« *mạmlạkí*.

ምሕረ ፡ 525. — D. 157 »sich erbarmen« *mə́hrạ*.

መስተምሕር ፡ Partiz. IV. 1—542. — D. 158 »um Erbarmen flehend« *mạstạmhə́r*. Fem. መስተምሕርት ፡ *mạstạmhə́rt*.

መርኆ ፡ siehe unter ረኀወ ፡

መሰለ ፡

አስተማሰለ ፡ IV. 3—524. — D. 173 »vergleichen« *’àstamăsála*.

ምስለ ፡ 561. — D. 174 »mit« *məsla‿*; ምስሌየ ፡ »mit mir« *məsliĕia*; ምስሌሁ ፡ »mit ihm« *məsliĕhū́*; ምስሌክን ፡ »mit euch (fem.)« *məsliĕk(k)ə́n*.

መሳጢ ፡ 543. — Richtiger D. 163 መሣጢ ፡ »räuberisch« *masăṭ’í*; Pl. fr. መሠጥ ፡ *masáṭṭ’*; siehe oben Seite 29.

ሙቁሕ ፡ 537. — D. 910 »gebunden« *mŭḳ’úh*.

ተመንሰወ ፡ III. 1. — 3. m. sg. Impf. ይትመነሰው ፡ 527. — D. 643 »er wird in Versuchung kommen« *iətmanássau*; 3. m. pl. Impf. ይትመነሰዉ ፡ *iətmanassáuŭ*.

አመንደበ ፡ II. 1. — 524. — D. 680 »in die Enge treiben« *ămandába*.

ማእዜ ፡ 546. — D. 197 »wann« *mă’əzié*.

ሞተ ፡

መዋቲ ፡ 542. — D. 204 »sterblich« *mauăti*; Fem. መዋቲት ፡ *mauătít*.

ምዉት ፡ oder ምውት ፡ 534. — D. 203 »tot« *mə*^{u}*út* oder *mau*^{ə}*t*.

ሞአ ፡

ምውእ ፡ [oder ምዉእ ፡] 534. — D. 205 »besiegt« *mau*^{ə}*(’)* bzw. *mə*^{u}*ú(’)*.

አምዐዐ ፡ II. 1. — 522. — D. 208 »erzürnen« *’am’ə’ă*.

ተምዐዐ ፡ III. 1. — 523 »zürnen« auch ተምዐ ፡ geschrieben; beide Formen werden in gleicher Weise *tamə’ă* gesprochen. — Die erste bezeichnet man als ዋጥ ፡; siehe oben S. 13.

ተማዐዐ ፡ III. 3. — 523 »sich gegenseitig zürnen« *tamă’ə’ă*.

አስተማዐዐ ፡ IV. 3. — 524. — D. 209 »gegenseitig erzürnen« *’àstamă’ə’ă*.

መዐት ፡ 533. — D. 209 »Zorn« *ma’ăt*; daher auch መዓት ፡ geschrieben.

ማይ ፡ 535. — D. 212 »Wasser« *mái*.

ሜጠ ፡

መይጥ ፡ 540; 534. -- D. 214. Infin. »wenden« *mai*^{ə}*ṭ’*; aber auch *maiít* (መዪጥ ፡).

ሚጠት ፡ 533. — D. 216 »Wendung« *mĭṭ’át*.

ምድራዊ ፡ 539. — D. 217 »irdisch« *mədrăuí*.

መጠነ ፡ 560. — D. 222 »ungefähr« *maṭ’ana‿*.

ተሣሀለ ፡ III. 3. — 523. — D. 229 »verzeihen« *tasăhăla*.

ሥልጣን ፡ 540. — D. 233 »Macht« *səlṭ’ăn*.

ሣሕቅ ፡ 545. — D. 234 »Spott« *săhə́ḳ’* (Druck, wie immer, auf der Ultima); Akk. ሣሕቀ ፡ *săhə́ḳ’a*.

ሠረቅ ፡ 534. — D. 240 »Aufgang [der Sonne]« *saráḳ’*.

ሥርው፡ 532; 519. — D. 241 »Wurzel« *sə́ru̯*; Pl. ሥረው፡ 542 *sərá̤u̯*.
Nach Aleka Taje ist die Form አሥራው፡ *'asrắu̯* beliebter.

ሠረየ፡

መሠርይ፡ 538; 546. — D. 245 »Beschwörer« *ma̤sa̤r(r)ᵊi̯*, auch *ma̤sa̤r(r)ī́* gesprochen und daher auch መሠሪ፡ geschrieben.

መሥረይ፡ 539 »Arznei«. Aleka Taje bestritt diese Form. Nur መሥርይ፡ *ma̤srᵊi̯* komme vor oder: መሥሬ፡ 539. — D. 246 »Arznei« *ma̤sri̯ḗ*.

ሠነየ፡

አሠነየ፡ 522. — D. 251. II. 2 »schön machen« *'ăsa̤nná̤i̯a*.

ሠናይ፡ 536. — D. 252 »schön« *sa̤nnắi̯* (siehe oben Seite 28).

ሣእን፡ 542. — D. 255 »Schuh« *sắ'ən*; Pl. አሣእን፡ *'ăsắ'ən*; die Form አሥእን፡ wollten meine Gewährsmänner nicht anerkennen.

ሠዋዒ፡ 543. — D. 256 »Opferer« *sa̤u̯ắ'ī* (mit einfachem *u̯*); Pl. ሠዋዕት፡ *sa̤u̯ắi̯t*.

ሢመ፡

ተሠይመ፡ 523. — D. 262. — III. 1 »eingesetzt werden« *ta̤sá̤i̯ma̤*.

ሥጋዊ፡ 546. — D. 268 »fleischlich« *səgắu̯í*; Akk. ሥጋዌ፡ *səgắu̯i̯ḗ*.

ርሕቀ፡

IV.1 አስተረሐቀ፡ 524. — D. 272 »sich von einander trennen« *'ăsta̤ra̤hắḳ'a̤*.

ርሕበ፡

ራሕብ፡ 532. — D. 274 »Weite« *rắhƀ* oder *răhᵊƀ*; vgl. oben Seite 39.

ርሕብ፡ ebenda »Weite« *rə́hƀ*.

ርምሕ፡ 532. Diese Form, die so auch bei Ludolf vorkommt — vgl. D. 275 —, erkannten meine Gewährsmänner nicht an, vielmehr nur ረምሕ፡ »Lanze« *rá̤mh*.

አርመስመሰ፡ Imper. sg. m. አርመስምስ፡ 530. — D. 276 »taste« *'armə́sməs*.

ርስዐናት፡ 540. — D. 281 »Unfrömmigkeit« *rəs'ᵊnnắt*.

ረሰየ፡ 522. — D. 281. I. 2 »machen, tun« *ra̤ssá̤i̯a̤*.

ይርባሕ፡ }
ያርብሕ፡ } 537. — D. 286 »Riese« *i̯ərƀắh* bzw. *i̯àrƀə́h*.

ራትዕ፡ 535. — D. 291 »aufrichtig« *rắtə́(')*.

ረኀወ፡

መርኆ፡ 539. — D. 293 »Schlüssel« *ma̤rhᵘṓ*.

ረአሰ፡

መተርአስ፡ 539. — D. 296 »Kopfunterlage« *ma̤ta̤r'ắs*.

ርእየ፡ 521; 525. — D. 296 »sehen« *rə'ə́i̯a̤* (*rə́'i̯a̤*). — Inf. ርእይ፡ 540 in der Aussprache von ርኢይ፡ nicht unterschieden *rə'ᵊi̯* = *rə'ī́* = *rə'ī̯*.

II. 1. **አርአየ ፡** 522 »zeigen« *ʾarʾā́i̯a*.

III. 1. **ተርአየ ፡** 523 »erscheinen« *ta̤rəʾə́i̯a̤* und *ta̤rə́ʾi̯a̤*.

IV. 1. **አስተርአየ ፡** 523 »erscheinen, sichtbar werden« *ʾȧsta̤rʾā́i̯a̤*; 3. m. sg. Impf. **ያስተርኢ ፡** 527 *i̯ȧsta̤rə́ʾĭ̆*.

ራእይ ፡ 545. — D. 299 »Gesicht« *rắʾᵊi̯*; Akk. **ራእየ ፡** *rắʾə́i̯a̤*.

ርእየት ፡ 533. — D. 299 »Gesicht« *rəʾi̯á̤t*.

ረከበ ፡

3. m. sg. Impf. IV. 1. **ያስተረክብ ፡** 527. — D. 304 »er wird sich Mühe geben« *i̯ȧsta̤rá̤kkəƀ*.

ርክበት ፡ 533. — D. 304 »Auffindung« *rəkƀá̤t*.

ሩጸት ፡ 533. — D. 308 »Lauf« *rŭ̈ṣʾá̤t*.

ረዐይት ፡ 543. — D. 311 »Riesen« *ra̤ʾā́i̯t*.

መርዔት ፡ 544. — D. 311 »Herde« *ma̤rʾḗt*; Pl. **መራዕይ ፡** *ma̤rắʾᵊi̯*.

ረድእ ፡ 543. — D. 314 »Gehilfe« *rá̤d*; Pl. **አርድእት ፡** *ʾardə́ʾt*.

ሳሕው ፡ 519; 533. — D. 332 »Ausdehnung« *săhᵊu̯*.

ሰብሐ ፡ 522. — D. 356. — I. 2 »preisen« *sa̤bbə́hă*.

ሰብእ ፡ 545. — D. 359 »Mensch« *sá̤ƀ*; Akk. **ሰብአ ፡** *sá̤ƀʾă*.

ትስብእት ፡ 536. — D. 361 »Annahme der menschlichen Natur« *təsƀə́ʾt*.

ሱታፍ ፡ 531. — D. 367 »Genosse« *sŭ̈tā́f*.

ተሰናሰለ ፡ 525. — D. 368. — III. 3 »unter sich verkettet sein« *ta̤sa̤năsá̤la̤*.

ተሰናአወ ፡ III. 3. — 3. m. sg. Impf. **ይሰናአው ፡** 527. — D. 371 »sie halten Frieden untereinander« *i̯əssa̤nắʾău̯*; 3. m. pl. Impf. **ይሰናአዉ ፡** *i̯əssa̤nắʾā́u̯ŭ̆*.

ስንእው ፡ 537. — D. 372 »übereinstimmend« *sənʾᵊu̯*.

ሰንጎጕ ፡ 537. — D. 374 »stark, fest« *sa̤ngᵘǻgᵘ*.

ሰአለ ፡

ተስአለ ፡ 523. — D. 376. — III. 2 »fragen« *ta̤sə́ʾla̤*.

አስካል ፡ 537. — D. 378 »Traube« *ʾaskā́l*.

ስክረት ፡ 531. — D. 379 »Trunkenheit« *səkrá̤t*.

ሰኰና ፡ 544. — D. 382 »Fußsohle« *sa̤kᵘǻnā́*, daher auch **ሰኮና ፡** geschrieben; Pl. **ሰኳንው ፡** *sa̤kᵘănᵊu̯*.

ሰዋስው ፡ 543. — D. 386 »Leiter« *sa̤u̯ăsᵊu̯*; siehe oben Seite 20, Anm. 2. Die Singularform **ሰውሰው ፡** 537 bestreiten meine Gewährsmänner.

ሰይጣን ፡ 543. — D. 394 »Satan, Teufel« *sa̤i̯ṭʾā́n*; Pl. **ሰያጥንት ፡** *sa̤i̯ăṭʾənt*.

ሰያፊ ፡ 539. — D. 395 »Schwertträger« *sa̤i̯i̯ăfī́*.

መስፍን ፡ 538. — D. 406 »Fürst« *ma̤sfə́n*.

ተሰፈወ ፡ 523. — D. 407. — III. 2 »hoffen« *ta̤sa̤ffá̤u̯a̤*.

ኣቀምጦ ፡ 524. — D. 419 »complanare agrum« *ʾăḳʾạmṭʾəă.*

ቍር ፡ 532; 544. — D. 424 »Kälte« *ḳʾúrr*; Akk. ቍረ ፡ *ḳʾúrrạ.*

ቀስት ፡ 543. — D. 433 »Bogen« *ḳʾást*; Pl. አቅስስት ፡ *ʾaḳʾsəst.* Die Form አቅስት ፡ bestritt Aleka Taje.

ቀሲስ ፡ 542. — D. 433 »Presbyter« *ḳʾạsís*; Pl. ቀሲሳን ፡ *ḳʾạsīsán.*

ቀበላ ፡ 536. — D. 438 »Begegnung« *ḳʾạbbạlă*; siehe oben Seite 29.

ቀንአ ፡

IV. 1. አስተቀንአ ፡ 524. — D. 445 »eifersüchtig sein« *ʾăstạḳʾạnʾă* oder *ʾăstạḳʾạnəʾă.*

ቅንእ ፡ 532. — D. 445. »Eifersucht« *ḳʾən(ʾ).*

ቀንአት ፡ 531. — D. 445. »Eifersucht«. Aleka Taje bestritt die Richtigkeit des Wortes in dieser Bedeutung und ließ nur ቅንአት ፡ *ḳʾənʾăt* gelten.

ቀንአት ፡ 540. — D. 446 »Galbanum« *ḳʾạnʾăt.*

ቈንዘአት ፡ 543. — Richtig D. 447 ቍንዛዐት ፡ »Locke« *ḳʾunzäʾit*; Pl. ቈናዝዕ ፡ *ḳʾuănăzə(ʾ).*

ቍንጽል ፡ 537. — D. 450 »Fuchs« *ḳʾúnṣʾəl.*

ቆመ ፡

II. 1. አቀመ ፡ 522. — D. 453 »aufstellen« *ʾăḳʾámạ.*

ቀዪሕ ፡ 534. — D. 457 »rot« *ḳʾạịìh* oder ቀይሕ ፡ *ḳʾaịəh*; Fem. ቀይሕት ፡ 541 *ḳʾaịəht.*

ቂሐት ፡ 533. — D. 457 »Röte« *ḳʾīhăt.*

አቅያሕይሐ ፡ 524. — D. 457 »rötlich werden« *ʾaḳʾịăhịəhă.*

ቍይጽ ፡ 542. — D. 459 »Schenkel« *ḳʾúịṣʾ*; Pl. አቍያጽ ፡ *ʾaḳʾuịăṣʾ.* Die Form ቍያጽ ፡ bestritt Aleka Taje.

ቅድመ ፡ 560. — D. 462 »vor, gegen« *ḳʾədmạ‿.*

ቈጽል ፡ 532. — D. 472 »Blatt« *ḳʾuáṣʾl*; Pl. አቍጽል ፡ 542 *ʾăḳʾúṣʾl.*

በባይናት ፡ siehe unter ባይናት ፡

ብህለ ፡

3. m. sg. Impf. ይቤ ፡ bzw. ይብል ፡ 526 — D. 482 *ịəbié* bzw. *ịəbl.*

አበለ ፡ II. 1. — 522 »sagen lassen« *ʾăbálạ.*

በልየ ፡ Inf. በልይ ፡ 540. — D. 491 »abgenutzt werden« *balʾị.*

ባሕርይ ፡ 539. — D. 494 »Perle« *băhrʾị, băhrí* (daher auch ባሕሪ ፡ geschrieben).

ባሕብሐ ፡

V አንባሕብሐ ፡ D. 495 »rauschen« — 3. m. sg. Subj. ያንባሕብሕ ፡ 529 *ịănbăhbəh*; 3. m. pl. Subj. ያንባሕብሑ ፡ *ịănbahbəhū.*

በረቀ ፡

መብረቅ ፡ 538. — D. 502 »Blitz« *mabrák'*.

ብርት ፡ 532. — D. 504 »Erz« (nicht »Eisen«! — Das Wort ist mir von Aleka Taje mit amhar. ናስ ፡ erklärt worden) *bərt*.

በረከ ፡ I. 3. — 522. — D. 504 »segnen« *băráka*.

በረከት ፡ 541. — D. 505 »Segen« *barakát*; Akk. በረከተ ፡ 520; 545 *barakáta*.

ቡሩክ ፡ 536. — D. 505 »gesegnet« *bŭrŭk*.

ቡራኬ ፡ 531. — D. 506 »Segnung, Segen« *bŭrăkié*.

በረድ ፡ 531. — D. 507 »Hagel« *barád*.

በቀለ ፡

IV. 2. Part. መስተበቅል ፡ 538. — D. 511 »Rächer« *màstabakk'əl*.

በቍዐ ፡

IV. 1. አስተብቍዐ ፡ 523. — D. 514 »Fürbitte einlegen« *'ăstabk'ŭ'ă*. — መስተብቍዕ ፡ 538. — D. 515 Part. »Fürbitte einlegend« oder Subst. »Fürbitte« *mastabk'ú(')*.

በቍዕ ፡ 542. — D. 515 »nützlich« *băk'ú(')*; Fem. በቍዕት ፡ *băk'ŭ't*.

በከየ ፡

I. 3. Part. መበክይ ፡ 538. — D. 523 »beweinend« *mabăk'i* oder *mabăki*; daher auch መበኪ ፡ geschrieben.

ብካይ ፡ 519. — D. 522 »Weinen« *bəkăį*.

በሐ ፡

II. 1. አብሐ ፡ 522. — D. 523 »erlauben« *'ăbəhă*.

IV. 1. አስተበውሐ ፡ 524 (die Form አስተብሐ ፡, die Trumpp nach Ludolf anführt — vgl. D. 525 —, lehnt Aleka Taje ab), »um Erlaubnis bitten« *'àstabáuhă* oder *'ăstabauəhă*.

በአ ፡

II. 1. አብአ ፡ 522. — D. 525 »hineinführen« *'ăbə'ă*.

በአት ፡ 531. — D. 526 »Eingang« *ba'ăt*.

በዝኀ ፡

II. 1. n. ag. አብዛኂ ፡ (nicht አብዝኂ ፡; so Trumpp nach Ludolf) 539. — D. 534 »viel machend« *'abzăhi*; siehe unter አንቃሂ ፡

ቤዘወ ፡ — Inf. ቤዝዎ ፡ 540. — D. 538 »loskaufen« *bièzuŏ*. — Part. መቤዝው ፡ 538. — D. 538 »loskaufend« *mabièzəu*.

ቤዛ ፡ 560. — D. 538 »Loskaufspreis« *bièză*; als Präposition »für« *bièză‿*.

በበይናት ፡ 561. — D. 537 »unter, zwischen« *babăinăt*. በበይናቲሆሙ ፡ »unter ihnen« *babăinătihuŏmŭ*.

ብድብድ ፡ 537. — D. 541 »Pest« (»fest« bei Trumpp Druckfehler) *bedbə́d.*

በድው ፡ 519; 532. — D. 542 »Wüste« *bạ́dụ.*

በግዕ ፡ 544; 545. — D. 543 »Schaf« *bạg(g)ə́(')*; Akk. በግዐ ፡ *bạg(g)ə́'ă* (die Aussprache mit doppeltem *g* gilt für korrekter als die mit einfachem *g*); Pl. አባግዕ ፡ *'ăbăgə́(')*; Akk. አባግዐ ፡ *'ăbăgə́'ă*. (Die Pluralform አባግዕት ፡ hält Aleka Taje für unrichtig.)

በግዕት ፡ 541. — D. 543 »Schaf« *bag(g)ə́'t.*

በጽዐ ፡

IV. 1. አስተብጽዐ ፡ (አስተብፅአ ፡) 524. — D. 548 »glücklich preisen« *'ȧstạbṣ'ə́'ă.*

ብጹዕ ፡ (ብፁእ ፡) 541. — D. 549 »glücklich« *bəṣ'ú(')*; Fem. ብጽዕት ፡ (ብፅእት ፡) *bəṣ'ə́'t.*

ትልወት ፡ 541. — D. 551 (die Form ተለወት ፡ gibt es nicht) »das Folgen« *təlụ́ȧt.*

ተሐተ ፡

II. 1. አትሐተ ፡ 522. — D. 553 »erniedrigen« *'athắtạ* (*'àthắtạ*).

ታሕተ ፡ 560. — D. 554 »unter« *tàhtạ‿.*

ተርጐመ ፡

Part. መተርጕም ፡ 538. — D. 557 »Dolmetscher« *mạtạrgúm.*

ቶስሐ ፡ 524. — D. 569 »mischen« Aleka Taje: *tᵘóshă.* — Blatta Heruī: *tᵘŏsə́hă.*

ኍልቍ ፡ 520. — D. 577 »Zahl« *húlḳ'ᵘ*; Akk. ኍልቈ ፡ 545 *húlḳᵘȧ.*

ኀለፈ ፡ Infin. ኀሊፍ ፡ 540. — D. 580 »Vorübergehen« *hắlíf.*

ኀመልሚል ፡ 536 siehe ሐመልሚል ፡

ኀሪፍ ፡ 535. — D. 590 »Herbst« *hắríf.*

ኀስል ፡ 542 siehe ሐስል ፡

ኀበ ፡ 560. — D. 592 »bei« *hăbạ‿.*

ኆኅት ፡ 541. — D. 606 »Tür« *hᵘóht*; Pl. ኀዋኅው ፡ 543 *hăụăhə́ụ.*

ኀጥአ ፡

ኃጥእ ፡ 535. — D. 621 »Sünder« *hăṭ'ə́(')*; Akk. ኃጥአ ፡ 545 *hăṭ'ə́'ă.*

ኀጣእ ፡ 533. — D. 621 (Trumpp nach Ludolf ኀጣእ ፡, eine Form, die es nach Aleka Taje nicht gibt) »Mangel« *hăṭ'ā́.*

ኀጢአት ፡ 544; 545. — D. 621 »Sünde« *hăṭ'ī'ā́t.* Akk. ኀጢአተ ፡ *hăṭ'ī'ātạ*; Pl. ኀጣውእ ፡ *hăṭ'ăụə́(')*. Diese Form hielt Aleka Taje für besser als ኀጣይእ ፡.

ነሥአ፡

II. 1. **አንሥአ፡** 522. — D. 636 »erheben« *'ansə́'ă.*

III. 1. **ተንሥአ፡** 523. — D. 637 »sich erheben« *ta̤nsə́'ă.* — Inf. **ተንሥኦ፡** 540 *ta̤nsəᵘȯ́.*

ንስር፡ 543. — D. 641 »Adler« *nə́sr̥*; Pl. **አንስርት፡** *'ansə́rt.*

ነቅሀ፡

II. 1. Part. **አንቃሂ፡** 539 (**አንቅሒ፡** nach Ludolf; vgl. D. 644) »Erwecker« *'anḳ'ăhí.* Aleka Taje bestreitet die Form mit **ቅ** und läßt nur die mit **ቃ** gelten; siehe unter **አብዛኂ፡**.

ንቃው፡ 533. — D. 646 »Ton« *nəḳ'ắu̯.*

ነበረ፡ 521. — D. 650 »sitzen« *na̤ƀá̤ra̤.*

መንበር፡ 538. — D. 654 »Thron« *ma̤nƀá̤r*; Akk. **መንበረ፡** 545 *ma̤nƀá̤ra̤.*

አንብዕ፡ 537. — D. 658 »Träne« *'anƀə́(')*; Pl. **አናብዕ፡** 543 *'ănăƀə́(').*

ንእሰ፡

ንእስ፡ 531. — D. 664 »Jugend« *nə'ə́s.*

ነአሳት፡ 540. — D. 665 »Rang des Jüngeren« *na̤'ăsắt.*

ንዋይ፡ 533. — D. 674 »Gefäß« *nᵊu̯ắi̯, nŭắi̯.*

ነዓዊ፡ 546. — D. 676 »Jäger« *na̤'ău̯í*; Akk. **ነዓዌ፡** *na̤'ău̯ⁱé.*

ነድየ፡

ንዱይ፡ 534. — D. 682 (nach Ludolf) »verarmt«. Nach Aleka Taje gibt es diese Form nicht.

ንዴት፡ 533. — D. 682 »Armut« *nəd(d)ⁱét.* Aleka Taje bemerkte ausdrücklich, daß das Wort mit doppeltem *d* gesprochen werde; Blatta Heruï schwankte.

ንደት፡ 533. — D. 683 »Flamme, Hitze« *nəddá̤t.*

ንግሥት፡ 541. — D. 687 »Königin« *nəgə́st.*

ነገር፡ 542. — D. 690 »Rede« *na̤gá̤r*; Pl. **አንጋር፡** *'angắr.*

ነፍሰ፡

IV. 1. **አስተንፈሰ፡** 523. — D. 706 »einatmen« *'ăsta̤nfá̤sa̤.*

-አ፡ 559. — D. 714. Partikel, die bei Anführung direkter Rede den einzelnen Wörtern angehängt wird. Sie hat immer den Druck *-'ắ*; siehe oben Seite 44.

ኢ፡ 559. — D. 715 »nicht«, immer in Einheitsdruck mit dem folgenden Wort: *'ĭ‿*.

እም፡ 544. — D. 727 »Mutter«. Aleka Taje *'ə́mm*; Blatta Heruï und so heute fast allgemein *'ə́m*; siehe oben Seite 18. — **እሞ፡** »o Mutter« *'əm(m)ᵘȯ́.*

እመት ፡ 540. — D. 728 »Elle« *ʼəmmạ́t* (mit doppeltem *m*).

አመት ፡ 540. — D. 733 »Magd« *ʼămạ́t* (von **ዓመት ፡** »Jahr« in der Aussprache nicht unterschieden«).

አመረ ፡

II. 1. **አእመረ ፡** 3. m. sg. Subj.-Juss. **ያእምር ፡** 529. — D. 728 »er wisse« *i̯ắʼmər*.

ትእምርት ፡ 544. — D. 732 »Zeichen« *təʼmə́rt*; Pl. **ተአምር ፡** *tạʼămə́r*. Die Pluralform wird auch als Singular gebraucht (A l e k a T a j e).

እሱር ፡ 534. — D. 748 »gebunden« *ʼəsū́r*.

አብ ፡ 542. — D. 754 »Vater« *ʼắƀ*; Pl. **አበው ፡** *ʼăƀạ́u̯*; Akk. **አበወ ፡** 546 *ʼăƀạ́u̯ạ*. — Aber **አባ ፡** (Akkusativ und Titel) *ʼabbắ*.

አበሰ ፡ I. 2. — Inf. **አብሶ ፡** 540. — D. 757 »Sündigen« *ʼabbᵊsᵘṓ*.

አበሳ ፡ 536. — D. 757 »Sünde« *ʼăƀạsắ* (mit *ƀ*; vgl. oben Seite 29).

አብደ ፡

IV. 1. **አስተአበደ ፡** 524. — D. 760 »für einen Toren halten« *ʼàstạʼăƀạ́dạ*.

እቱት ፡ 541. — D. 763 »entfernt« *ʼəttū́t* (mit doppeltem *t*); Fem. **እትት ፡** *ʼəttə́tt*.

እኍ ፡ 545 und **እኅው ፡** 532; 542. — D. 765 »Bruder«, in der Aussprache nicht unterschieden: *ʼə́hᵘ* oder *ʼə́hu̯*; Akk. **እኆ ፡** oder **እኅወ ፡** *ʼə́hᵘå*; Pl. **አኅው ፡** 542. *ʼăhắu̯*.

እኅት ፡ 541. — D. 766 »Schwester« *ʼə́ht*.

አኀዘ ፡

III. 1. **ተእኀዘ ፡** 523. — D. 768 »gefaßt werden« *tạʼə́hzạ*.

አንስት ፡ 531. — D. 771 »Frau« *ʼănə́st*.

አንስትያ ፡ 540. — D. 771 »Frauen« *ʼănəstᵊi̯ắ*.

እንበለ ፡ 560. — D. 773 »wenn nicht, außer, ohne« *ʼənƀạlạ‿*.

አንጼዋ ፡ 537. — D. 780 »Maus« *ʼanṣʼèuắ*; Pl. **አናጹት ፡** 543 *ʼănăṣʼū́t*.

አኮ ፡ 559. — D. 781 »keineswegs« *ʼakkᵘṓ*.

አከለ ፡

ማእከለ ፡ 560. — D. 784 inmitten, zwischen« *mài̯kạlạ‿*.

ማእከላይ ፡ 542. — D. 785 »mittlere« *mắʼkalắi̯*; Fem. **ማእከላይት ፡** *mắʼkạlắi̯t*.

እኩይ ፡ 541. — D. 788 »schlecht« *ʼəkkū́i̯* (mit doppeltem *k*; siehe oben Seite 27); Fem. **እኪት ፡** *ʼəkkī́t*.

እወ ፡ 559. — D. 790 »ja, so« *ʼə́u̯u̯ạ*.

እዝን ፡ 542. — D. 791 »Ohr« *ʼə́zu̯*; Pl. **እዘን ፡** *ʼəzạ́n* (**እዘን ፡** bei T r u m p p Druckfehler) oder **አእዛን ፡** *ʼăʼzắn*.

ትእዛዝ ፡ 536. — D. 793 »Befehl« *təʼzắz*; siehe oben Seite 29.

አዝየብ ፡ / **አዜብ ፡** 537. — D. 791 »Süden«, in der Aussprache fast gleich: *’ăzi̯ạ́b*, *’ăzi̯ḗb*.

እድ ፡ 542. — D. 798 »Hand« *’ə́d*; Pl. **አእዳው ፡** *’ăi̯dấu̯*.

አድግ ፡ 542. — D. 802 »Esel« *’ádg*; Pl. **አእዱግ ፡** *’ăi̯dū́g*.

እግዚእ ፡ etc. siehe unter **ገዝአ ፡**

ክህለ ፡ — 3. m. sg. Impf. **ይክል ፡** 526. — D. 812 »er kann« *i̯ə́kl̥*; 3. m. pl. Impf. **ይክሉ ፡** *i̯ᵊkə́lŭ̆* (Aleka Taje *i̯ə́klŭ̆*). III. 1. **ተክህለ ፡** 523. — D. 813 »möglich sein« *tạkə́hlạ*.

ካህን ፡ 535. — D. 813 »Priester« *kăhə́n*.

ኵሉ ፡ 520. — D. 814 »alle, jeder« *kulū́* (mit einfachem *l*; siehe oben Seite 18).

ከሓ ፡ 559. — D. 823 »dorthin« *kạ́hă* (Aleka Taje hält die Schreibung **ከሓ ፡** für korrekter als **ከሐ ፡**).

ኵሕል ፡ 532. — D. 823 »Stibium« *kúhl̥*.

ክሕደ ፡ 521. — D. 824 »leugnen« *kə́hdạ*.

II. 1. **አክሐደ ፡** 522. »für einen Lügner halten« *’akhā́dạ*.

ከመ ፡ 559. — D. 830 »fast, nur« *kə́mạ*.

ኰሣኰሥ ፡ (ኰሳኵስ) ፡ 537. — D. 833 »bunt« *kᵘ̯åsăkᵘ̯ås* (*kᵘ̯åsăkús*).

መክረይ ፡ 539. — D. 841 »Spaten« *mạkrᵊi̯*; Akk. **መክርየ ፡** 546 *mạkrə́i̯ạ*.

መኵሲ ፡ 538. — D. 844 »Gleichnamigkeit, gleichnamig« *mạkusī́*. — **መኵስይ ፡** weniger üblich, ebenfalls *mạkusᵊi̯* oder *mạkusī́*.

ክቡድ ፡ 541. — D. 850 »schwer« *kəƀū́d*; Fem. **ክብድ ፡** *kəƀə́dd*.

ኰነነ ፡

II. 2. **አኰነነ ፡** 522. — D. 855 »zum Richter einsetzen« *’ăkᵘ̯ånnạ́nạ*.

ከንፈር ፡ 537. — D. 858 »Lippe« *kạnfạ́r*.

ከዋላ ፡ 560. — D. 860 »der hintere Teil« *kạu̯ălắ*; als Präposition »hinter, nach« *kạu̯ălă‿* (die Schreibung **ከወላ ፡** hält Aleka Taje für minder gut).

ኮነ ፡ — 3. m. sg. Subj.-Juss. **ይኩን ፡** »er soll sein« 520. — D. 862 *i̯ə́kun*.

መካን ፡ 542. — D. 865 »Ort« *mạkắn*; Pl. **መካናት ፡** *mạkănāt*.

ኮከብ ፡ »Stern« *kᵘ̯ŏkạ́ƀ*; Pl. **ከዋክብት ፡** 545. — D. 865 *kạu̯ăkə́ƀt*; Akk. **ከዋክብተ ፡** *kạu̯ăkə́ƀtạ*.

ከዐወ ፡

III. 1. **ተክዕወ ፡** 523. — D. 868 »ausgegossen werden« *tạkə́’u̯ạ*.

ከደነ፡

III. 1. **ተከድነ፡** 523. — D. 875 »sich bedecken« *ta̤kạ̈dna̤* (die Form **ተከደነ፡** bestreitet Aleka Taje; sie komme nur im Amharischen, nicht aber im Äthiopischen vor).

መከደንት፡ 541. (D. 876 hat nur **መክድንት፡**) *ma̤kdạ̈nt.*

ወለደ፡

ወለት፡ 541. — D. 887 »Tochter« *u̯a̤lạ̈tt* (mit doppeltem *t*); Pl. **አዋልድ፡** 544 *'ău̯ăləd* (mit einfachem *d*; das Wort gilt nicht, wie Trumpp behauptet, als aus *'ău̯ălədt* entstanden).

ልደት፡ 533. — D. 887 »Geburt« *lədạ̈t.*

ትውልድ፡ 536. — D. 888 »Geschlecht« *tᵊu̯ld* (*tǘld, túld*; daher auch die Schreibung **ቱልድ፡**). — Die Form **ተውልድ፡** ließ Aleka Taje nicht gelten.

ውሒዝ፡ 544. — D. 892 »Fluß« *u̯ᵊhíz, ŭ̈hiz*; Pl. **ወሓይዝት፡** *u̯a̤hăi̯əzt.*

ዋሕድ፡ 542. — D. 894 »einzig« *u̯ăhəd*; Fem. **ዋሕድ፡** 541 *u̯ăhədd.*

ውርዝው፡ 537. — D. 900 »jung« *u̯ᵊrzᵊu̯, urzᵊu̯, urzǘ.*

ውርዙት፡ 540. — D. 900 »Jugend« *u̯ᵊrzǘt, urzǘt.*

ወረደ፡

ርደት፡ 540. — D. 902 »Abstieg« *rədạ̈t.*

ወከለ፡

IV. 2. **አስተወከለ፡** 524. — D. 920 »vertrauen lassen« *'asta̤u̯ạ̊kkạ̈la̤.*

ወዐለ፡

ዕለት፡ 531. — D. 924 »Tag« *'əlạ̈t.*

(**ሞዐልት፡** oder **መዓልት፡** D. 925 »Tag«; siehe oben Seite 15). — Pl. **መዋዕል፡** 545 *ma̤u̯ă̈'əl*; Akk. **መዋዕለ፡** *ma̤u̯ă̈'əla̤.*

ውዕየት፡ 540. — D. 927 »Brand« *u̯ᵘ'i̯ạ̈t.*

ወደቀ፡

ድቀት፡ 533. — D. 932 »Fall« *dəḳ'ạ̈t.*

ወደየ፡

IV. 3. Part. **መስተዋድይ፡** 538. — D. 935 »Ankläger« *ma̤sta̤u̯ădᵊi̯.*

ዕልው፡ 534. — D. 953 »verkehrt« *'əlᵊu̯.*

ዓመት፡ 540. — D. 955 »Jahr« *'ă̈mạ̈t.*

ዕመቅ፡ 533. — D. 956 »Tiefe« *'əmạ̈ḳ'.*

ዐረቢ፡ 539. — D. 964 »arabisch« *'ă̈ra̤ƀí.*

ዐቅራብ፡ 537. — D. 977 »Skorpion« *'aḳ'rá̈ƀ.*

ዐቀበ ፡

Inf. ዐቂቦት ፡ 540. — D. 977 »Bewachen« *ʼăḳʼĭbᵘŏ́t.*

ዕብራዊ ፡ 539. — D. 984 »hebräisch« *ʼəbrăi̯í.*

ዐብየ ፡ 521. — D. 985 »groß sein« *ʼắbi̯a̤.*

ዕበይ ፡ 533. — D. 986 »Größe« *ʼəbá̤i̯.*

ዐቢይ ፡ 534. — D. 987 »groß« *ʼăbíi̯;* Fem. ዐባይ ፡ 541 *ʼabbắi̯* (mit doppeltem *b*); Pl. ዐባይት ፡ 543 *ʼabbá̤i̯t* (mit doppeltem *b*).

ዐተመ ፡

መዐትም ፡ 538. — D. 988 »zornerfüllt« *ma̤ʼătə́m*[1].

ዐውየወ ፡ 524. — D. 998 »heulen« *ʼău̯i̯á̤u̯a̤.*

ዖደ ፡

II. 1. — 3. m. sg. Subj.-Juss. ያዑድ ፡ »er soll herumgehen lassen« *i̯ắʼud.* — Die Form ያዕድ ፡, die Trumpp anführt, erklärt Aleka Taje für falsch.

ዝእብ ፡ 545. — D. 1056 »Hyäne« *zə́ʼb;* Akk. ዝእበ ፡ *zə́ʼba̤.*

ዘከረ ፡

ተዝካር ፡ 536. — D. 1059 »Gedächtnis« *ta̤zkắr.*

ዝየ ፡ 559; 546. — D. 1062 »hier« *zə́i̯a̤;* siehe oben Seite 44.

ያርብሕ ፡ und ይርብሕ ፡ siehe unter ረብሐ ፡

ይእዜ ፡ 559. — D. 1072 »jetzt« *i̯əʼəzié.*

የውሀ ፡

III. 2. ተየውሀ ፡ 523. — D. 1074 »sich schmeicheln lassen« *ta̤i̯a̤u̯u̯ə́hă.* (Nur III. 2. kommt nach Aleka Taje vor, nicht III. 1.)

III. 3. ተያውሀ ፡ ebenda. Das Vorkommen dieser Verbalform bestreitet Aleka Taje.

ደለወ ፡

II. 1. Part. መድልው ፡ 538. — D. 1083 »Heuchler« *ma̤dlᵊu̯.*

መድሎት ፡ 539. — D. 1082 »Gewicht, Wage« *ma̤dlᵘŏ́t.*

ደምሰሰ ፡

III. 1. ተደምሰሰ ፡ 524. — D. 1089 »zerstört werden« *ta̤da̤msá̤sa̤.*

ደመና ፡ 536. — D. 1090 »Wolke« *da̤ma̤nắ.*

---

[1] Das Wort ist von Dillmann unter der obigen Wurzel aufgeführt. Sollte es nicht vielmehr zu መዐት ፡ (oben S. 111) zu stellen sein?

ዱርሆ፡ 537. — D. 1124 »Huhn« *dᵘòrhᵘṓ.*

ድቍንድቍ፡ 537. — D. 1100 »Beil« *dəḳ'ùndə́ḳ'.*

ድኅረ፡ 560. — D. 1109 »nach« *dəhrạ‿.*

ድኅነ፡

 ድኂን፡ Inf. 540. — D. 1111 »Unversehrt sein« *dəhī́n.*

ድንግል፡ 543. — D. 1117 »Jungfrau« *dəngə́l;* Akk. ድንግለ፡ 545. *dəngə́lạ;*
 Pl. ደናግል፡ 543. *dạnăgə́l.*

 ድንግልት፡ 541. — D. 1118 »jungfräulich, Jungfrau« *dəngə́lt.*

ደንገፀ፡ 524. — D. 1119 »bestürzt sein« *dạngạ́ṣ'ạ.*

ደወል፡ 534. — D. 1123 »Gebiet« *dạụạ́l.*

ዴገነ፡ 524. — D. 1127 »verfolgen« *dịĕgạ́nạ.*

ደገደግ፡ } 537. — D. 1133 »mager« *dạgạdạ́g* bzw. *dạgdạ́g.*
ደግደግ፡ }

ገሀሀ፡ 534. — 1136 »Vollmond« *gạhā́h* (daher auch ገሃሀ፡ geschrieben).

ገለገ፡

 መንገለግ፡ 539. — D. 1141 »Versammlung« *mạ̀ngạlạ́g.* Die Berechtigung dieser von Ludolf gebrachten Form erkannte Aleka Taje neben ምንግላግ፡ *məngəlā́g* an.

ግምዔ፡ 544. — D. 1149 »Krug« *gəm'ḗ;* Pl. ገማዕይ፡ *gạmắ'ị.*

ጕርን፡ 532. — D. 1156 »Tenne« *gúrṇ* (daher auch ጐርን፡ geschrieben).

አንጐርጐረ፡ 525. — D. 1157 »murren« (»sich wälzen« bei Trumpp hier und 527 beruht auf Verwechslung mit አንገርገረ፡) *'ằngᵘårgᵘǻrạ.* — 3. m. sg. Impf. ያንጐረጕር፡ 527. »er wird murren« *ịằngᵘåraggur.*

ገብረ፡ 521. — D. 1159 »machen« *gạ́ƀrạ.*

 ገብር፡ 544. — D. 1164 »Sklave« *gạ́ƀṛ;* Akk.: ገብረ፡ *gáƀrạ.*

 ገባር፡ 536. — D. 1165 »Arbeiter« *gạbbā́r.*

ገብአ፡

 III. 3. ተጋብአ፡ 523. — D. 1171 »sich versammeln« *tạgăƀə́'ă.*

 IV. 3. አስተጋብአ፡ 524. — D. 1171 »an sich ziehen« *'astạgăƀə́'ă.*

 እስትጉቡእ፡ 536. — D. 1173 »versammelt« *'əstəgŭƀū́(').*

 ጉባኤ፡ 531. — D. 1172 »Versammlung« *gŭƀā'ḗ.*

ገነት፡ 540. — D. 1176 »Garten« *gạnnạ́t.*

ጋኔን፡ 535. — D. 1177 »Dämon« *gằn(n)ịḗn.*

ገናዊ፡ 543. — D. 1177 »Götzenpriester« *gạnnăụí;* Pl. ገነውት፡ *gạnnạ́ụt* (bzw. ገኖት፡ *gạnnᵘṓt*)

ግዝሮ፡ 540. — D. 1191 »Beschneidung« *gəzrᵘṓ.*

ገዝአ ፡

እግዚእ ፡ 541. — D. 1191 »Herr« *'əgᵊzí(')*. — እግዚኦ ፡ 544 »o Herr« *'əgᵊzĭᵘó*. — Pl. አጋእስት ፡ 544. *'ăgă'əst;* so spricht man auch, wenn አጋእዝት ፡ geschrieben wird.

እግዝእት ፡ 541. — D. 1192 »Herrin« *'egzə't*.

ጌገየ ፡

II. 1. አጌገየ ፡ 524. — D. 1199 »zur Sünde verleiten« *'ăgiĕgạịạ*. — 3. m. sg. Impf. ያጌጊ ፡ 527 *ịăgiéggĭ*.

ጊጉይ ፡ 537; 519. — D. 1199 »ruchlos, Sünder« *gĭgúị*.

ገዳም ፡ 531. — D. 1202 »Feld« *gạdắm*.

ጐጕአ ፡ I. 2. — 520. — D. 1207 »eilen« *gᵘåggú'ă*.

ገፍትአ ፡ 524. — D. 1212 »wenden, umkehren« *gạftə'ă.*; vgl. S. 11, Anm. 4.

ጠቢብ ፡ 534. — D. 1228 »weise« *ṭ'ạb̄íb̄*. — Pl. ጠበብት ፡ 543 *ṭ'ạbbặbt*.

ጣእጥአ ፡

II. 1. አጣእጥአ ፡ — 3. m. sg. Subj.-Juss. ያጣእጥእ ፡ 529. — D. 1237 »er bereite zu« *ịăṭ'ắiṭ'ə(')*.

ጦልዐ ፡

መንጦላዕት ፡ 544 (woselbst fälschlich መንጣላዕት ፡, auch in der Umschrift!) — D. 1238 »Vorhang, Brautgemach« *mạnṭᵘŏlắit*. — Pl. መንጠዋልዕ ፡ *mạntạụăl'ə(')*. Die Form መንጠዋልዐት ፡, die Trumpp nach dem Vorgang von Ludolf anführt (siehe Dillmann a. a. O.), hält Aleka Taje für unrichtig.

ጥውየት ፡ 533. — D. 1241 »Verkehrtheit« *ṭ'ᵊụịát* (*ṭ'ŭịát*).

ጠዐወ ፡

II. 3. አጣዐወ ፡ 522. — D. 1243 »Götzendienst treiben« *'ăṭ'ă'ắụạ*.

ጥዕየ ፡

II. 1. n. ag. መጥዕይ ፡ 542. — D. 1245 »Arzt« *mạṭ'ᵊị* (*mạṭ'í*). — Fem. መጥዒት ፡ *mạṭ'ít*.

ጽላሎት ፡ 540. — D. 1257 »Schatten« *ṣ'əlălᵘót*.

ጸሊም ፡ 541. — D. *ṣ'ạlím* »schwarz«. — Fem. ጸላም ፡ *ṣ'ạllắm* (mit doppeltem *l*).

ጸሐፈ ፡

ጸሓፊ ፡ 543. D. 1268 »Schreiber« *ṣ'ạhăfí*. — Pl. ጸሐፍት ፡ *ṣ'ạhắft, ṣ'ạháft* (*h* als Laryngal nicht verdoppelt).

መጽሐፍ ፡ 538. — D. 1268 »Buch« *mạṣ'hắf*.

ጸመወ ፡

II. አጸመወ ፡ 522. — D. 1272 »belästigen *'ăṣămạụạ*.

መጽምድ ፡ siehe unter ፀመደ ፡

ጽርንዕት ፡ 541 — D. 1275 »Aussatz« *ṣ'ərnə't*.

ጸናታም ፡ 531 — D. 1287 »Raute« *ṣ'ạnătăm*.

ጸእጽአ ፡

III. 1. ተጸእጽአ ፡ 524. — D. 1295 »verehren« *tạṣ'ăiṣ'ə'ă*. — 3. m. sg. Subj.-Juss. ይጸእጸእ ፡ »er verehre« *jəṣṣ'ăiṣ'ă*; 2. f. Subj.-Juss. ትጸእጽኢ ፡ *təṣṣ'ăiṣ'ə'ī*.

ጸውዐ ፡ I. 2. — 522. — D. 1301 »rufen« *ṣ'ạụụə'ă*.

ጸዐነ ፡

መጸዕን ፡ 538 (መጸእን ፡). — D. 1306 »Reiter« *mạṣ'ă'ən*.

ጸዐዳ ፡ 537. — D. 1307 »glänzend, weiß« *ṣ'ạ'ădă*.

ጻድቅ ፡ 535. — D. 1313 »rechtschaffen« *ṣ'ădək'*. — Akk. ጻድቀ ፡ 545 *ṣ'ădək'ạ*. — Fem. ጻድቅት ፡ 541 *ṣ'ădək't*.

ጸጓር ፡ 536 (bei Trumpp fälschlich ጸጋር ፡, so auch in der Umschrift). — D. 1315 »haarig« *ṣ'ạggᵘăr*.

ጸገወ ፡

I. 2. Part. መጸግው ፡ 538. — D. 1317 »donator« *mạṣ'ạggᵊụ*.

ፀመደ ፡

መዕምድ ፡ 539, woselbst መጽምድ ፡ geschrieben, D. 1327 »lorum, funis« *mạṣ'məd*; (auch መዕመድ ፡ *mạṣ'mạd*).

ፈለጠ ፡

III. 3. ተፋለጠ ፡ 523. — D. 1345 »sich voneinander trennen« *tạfălạṭ'ạ*.

ፈሥሐ ፡

III. 2. ተፈሥሐ ፡ 523. — D. 1349 »sich freuen« *tafạssəhă*.

IV. 1. አስተፍሥሐ ፡ »sich freuen« *'ăstạfsəhă*. Diese Form hält Aleka Taje für korrekter als die von Trumpp allein aufgeführte:

IV. 2. አስተፈሥሐ ፡ 524 »sich freuen« *'ăstafạssəhă*. — D. 1349 hat beide Formen. Aber auch aus seinen Angaben geht hervor, daß IV. 1 üblicher ist.

ፍሥሓ ፡ 536. — D. 1350 »Freude« *fəssəhă* (mit doppeltem *s*) *fəssəhă*; siehe oben Seite 29.

ትፍሥሕት ፡ 536. — D. 1350 »Freude« *təfsəht*

ፈቀረ ፡

II. 1. **አፍቀረ ፡** 522. — D. 1357 »lieben« *ʾafḳʾạrạ*, *ʾåfḳʾạrạ*.

ፈተወ ፡

መፍትው ፡ 546. — D. 1369 »angenehm« *mạftʷụ*.

ፈነወ ፡ I. 2. — 522. — D. 1371 »schicken« *fạnnạụạ*.

ፍና ፡ 560. — D. 1373 »Weg, Seite« *fən(n)ā́*; als Präposition »gegen« *fən(n)ă‿*; siehe oben Seite 26.

ፍኖት ፡ 533. — D. 1372 »Weg« *fən(n)ᵘṓt*; siehe ebenda.

ፈከረ ፡

መፈክር ፡ 537. — D. 1375 »Deuter« *mạfạkkə́r*.

ፈወሰ ፡

መፈውስ ፡ 538. — D. 1377 »Arzt« *mạfạụụə́s*.

ፈድፋድ ፡ 537. — D. 1381 »praestantia, excellentia« *fạdfā́d*.

ፈጠረ ፡

ፍጡር ፡ 531. — D. 1384 »geschaffen« *fəṭʾū́r*.

ፈጣሪ ፡ 531. — D. 1384 »Schöpfer« *fạṭʾăríᵢ*. — Akk. **ፈጣሬ ፡** *fạṭʾărịé*.

ፈጸመ ፡ I. 2. — 3. sg. m. Subj.-Juss. **ይፈጽም ፡** 529 (wo fälschlich, auch in der Umschrift!, statt mit **ጽ** mit **ፅ** geschrieben) D. 1387 »er vollende« *ịᵊfạ́ṣṣʾəm*. — 2. *f*. sg. Subj.-Juss. **ትፈጽሚ ፡** 529 (auch hier in Schrift und Umschrift **ፅ**!) »du sollst vollenden« *təfạṣṣʾə́mĭ*.

ፍጻሜ ፡ 540 (wo, auch in der Umschrift, statt **ፍ--** fälschlich **ፈ--**). — D. 1389 »Vollendung« *fəṣṣʾămịé*.

Indices.

I.

Nomina, Verba, Präpositionen, Adverbia und Partikeln.

Hier sind die in dieser Arbeit mit Aussprachebezeichnung versehenen Wörter zusammengestellt, soweit sie nicht schon in dem alphabetischen Verzeichnis, Seite 108—125, vorkommen. Dieses Verzeichnis ist also ebenfalls als Index der in dem vorliegenden Heft behandelten äthiopischen Wörter zu benutzen. Auch die in den Abschnitten V und VI besprochenen Pronomina und Zahlwörter sind, da sie dort leicht zu finden sind, hier nicht berücksichtigt. Von den in den Verbaltabellen (Abschnitt VII und VIII) und in den äthiopischen Texten mit phonetischer Umschrift (Abschnitt IX) enthaltenen Wörtern sind nur diejenigen aufgenommen, auf deren Aussprache in einer Anmerkung besonders hingewiesen ist.

II.

Personen- und geographische Namen.

Hier sind auch die in den transskribierten Texten vorkommenden Namen aufgenommen.

III.

Termini technici.

Hier sind außer den eigentlichen Termini technici auch die sonstigen in dem vorliegenden Heft besprochenen — zum größten Teile amharischen — Schulausdrücke und ähnliche Formeln in rein alphabetischer Reihenfolge, ohne Rücksicht auf die »Wurzel«, zusammengestellt.

Berlin, gedruckt in der Reichsdruckerei.

FSC
www.fsc.org
MIX
Papier | Fördert
gute Waldnutzung
FSC® C083411

Kolibri 360 GmbH
Ferdinand-Jühlke-Straße 7
99095 Erfurt, Deutschland
produktsicherheit@kolibri360.de